FORSCHUNGSBERICHTE DES LANDES NORDRHEIN-WESTFALEN
Nr. 2410

Herausgegeben im Auftrage des Ministerpräsidenten Heinz Kühn
vom Minister für Wissenschaft und Forschung Johannes Rau

Prof. Dr.-Ing. Dres. h.c. Herwart Opitz
Prof. Dr.-Ing. Wilfried König
Dipl.-Ing. Karl Buschhoff

Laboratorium für Werkzeugmaschinen und
Betriebslehre der Rhein.-Westf. Techn. Hochschule Aachen

Untersuchungen über das Schaben von Zahnrädern mit kleinen Überdeckungsgraden

Westdeutscher Verlag 1974

© 1974 by Westdeutscher Verlag GmbH, Opladen
Gesamtherstellung: Westdeutscher Verlag

ISBN-13: 978-3-531-02410-3   e-ISBN-13: 978-3-322-88255-4
DOI: 10.1007/978-3-322-88255-4

Inhalt   Seite

1.	Einleitung, Stand der Technik		5
	1.1	Zielsetzung	7
2.	Konventionelle Auslegung eines Schabrades		9
	2.1	Ermittlung der Eingriffsverhältnisse	9
	2.1.1.	Berechnung des Betriebseingriffswinkels	10
	2.1.2.	Berechnung der Folge der Flankenberührungen während einer Eingriffsperiode	12
	2.1.2.1.	Analyse der kinematischen Eingriffsverhältnisse zwischen Schabrad und Werkrad	13
	2.1.2.2.	Beziehung zwischen den Punktfolgen für die Rechts- und Linksflanke	15
	2.2	Auslegungskriterien eines Schabrades	19
	2.2.1.	Auslegungsgrenzen	19
	2.2.2.	Praktische Auslegung eines Schabrades	21
	2.3	Standzeitversuche	24
	2.3.1.	Erzielte Verzahnungsqualität der geschabten Räder innerhalb der Schabradstandzeit	25
	2.3.2.	Verschleiß am Schabrad	28
3.	Maßnahmen zur Verbesserung der Verzahnungsqualität		31
	3.1	Einsatzmöglichkeiten für das Zwangschaben	32
	3.2	Verbesserung der Berührungsverhältnisse durch eine günstigere Schabradauslegung	33
	3.2.1.	Berechnung der Schmiegung zwischen Schabrad- und Werkradflanke	35
	3.2.2.	Ergebnisse der Schmiegungsberechnung	39
	3.3	Praktische Ergebnisse beim Einsatz von Konkav-Schabrädern	41
4.	Zusammenfassung		45
5.	Literaturverzeichnis		47

Formelzeichen

A	Anzahl der Flankenberührpunkte
b	Breite
d	Durchmesser, Teilkreisdurchmesser
d_T	Berührdurchmesser
F	Kraft
F_r	Radialkraft
g	Eingriffsstrecke
P_e	Eingriffsteilung
S	Zahndicke
α	Winkel
α_d	Drehwinkel
α_z	Teilung im Bogenmaß
β	Schrägungswinkel
γ	Achskreuzwinkel

Indices

1	Schabrad
2	Werkrad
a	bezogen auf den Außendurchmesser
b	bezogen auf den Grundkreis
l	links
n	bezogen auf den Normalschnitt
r	rechts
t	bezogen auf den Stirnschnitt
w	bezogen auf den Wälzkreis

1. EINLEITUNG, STAND DER TECHNIK

Steigende Anforderungen an die im Kraftfahrzeugbau verwendeten Getriebe hinsichtlich hoher zu übertragender Leistung bei kleiner Baugröße und geringer Geräuschabstrahlung verlangen Zahnräder hoher Qualität. Aufgrund einer stetigen Weiterentwicklung der Schabräder hat sich das Zahnradschaben gegenüber anderen Feinbearbeitungsverfahren wie Schleifen, Honen und Läppen durch seine Wirtschaftlichkeit ausgezeichnet. Besonders in der Großserien- und Massenproduktion von Zahnrädern, in der die Leistungsfähigkeit eines Feinbearbeitungsverfahrens vorrangig nach der Sicherheit beurteilt wird, mit der eine große Zahl von Werkstücken innerhalb vorgegebener Toleranzen wirtschaftlich bearbeitet werden kann, hat das Zahnradschaben andere spanende Verfahren fast vollständig verdrängt. Mit dem Schaben wird die Verzahnungsqualität von innen- und außenverzahnten Zylinderrädern verbessert, die zunächst durch Wälzfräsen, Wälzstoßen oder Wälzschälen vorverzahnt werden.

Schabrad und Werkrad weisen unterschiedliche Schrägungswinkel auf, wodurch sich die beiden Drehachsen kreuzen. Im <u>Bild 1</u> ist ein Schabrad mit einem Werkrad im Eingriff dargestellt. Der Schnittwinkel zwischen den achsnormalen Ebenen wird Achskreuzwinkel genannt und läßt sich aus den Schrägungswinkeln im Betriebswälzkreis beider Räder bestimmen.

$$\gamma = \beta_{w1} + \beta_{w2} \qquad (1)$$

γ = Achskreuzwinkel
β_{w1} = Schrägungswinkel des Schabrades am Betriebswälzkreis
β_{w2} = Schrägungswinkel des Werkrades am Betriebswälzkreis

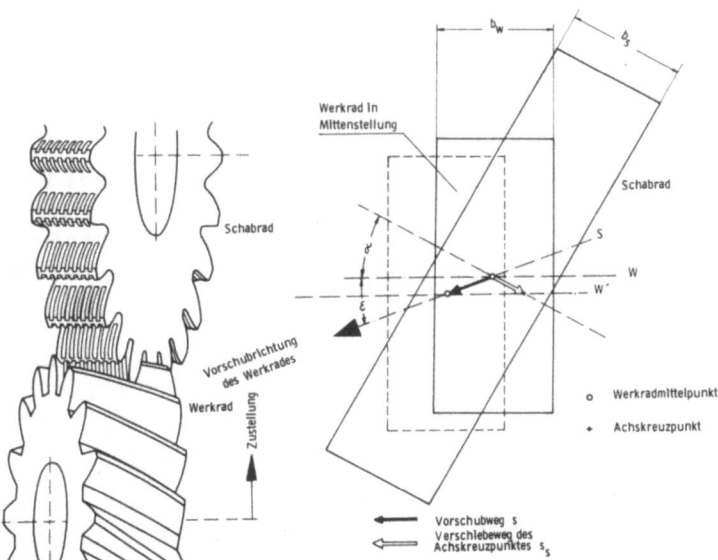

<u>Bild 1:</u>   Prinzip des Zahnradschabens

Infolge der Achskreuzung entsteht beim Abwälzen der Räder aufeinander eine Gleitbewegung in Zahnlängsrichtung, die zur Spanabnahme führt. Die Zahnflanken des Schabrades sind durch Nuten unterbrochen, wodurch Stollen mit Schneidkanten in Zahnhöhenrichtung gebildet werden.

Der zur Spanabnahme notwendige Anpreßdruck zwischen den Zahnflanken wird beim hier behandelten Zweiflankenschaben durch radiales Annähern beider Räder erzeugt. Außerdem wird hierdurch der Berührpunkt, der zwischen den Zahnrädern eines Schraubwälzgetriebes vorliegt, zu einer Berührellipse erweitert.

Beim Schaben lassen sich vier Verfahren unterscheiden (Bild 2), die sich in zwei Gruppen unterteilen lassen:

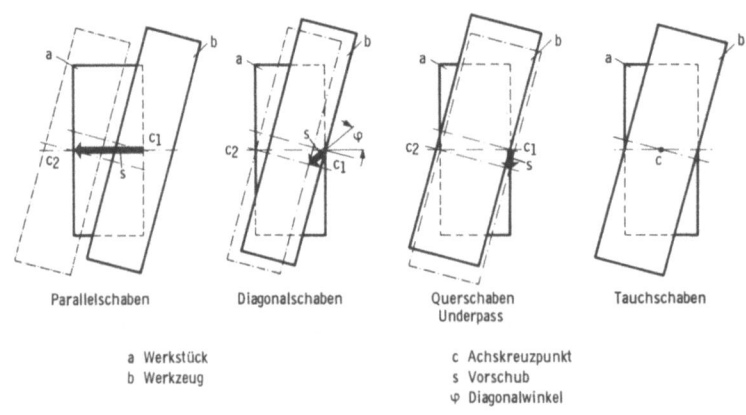

Bild 2: Schabverfahren

Beim Parallel- und Diagonalschaben dient der Vorschub dazu, das Werkrad auf der gesamten Breite zu bearbeiten. Beim Quer- und Tauchschaben dagegen wird dies durch die besondere Konstruktion des Schabrades, das dann wesentlich komplizierter ist, erreicht. Hier dient der Vorschub zur Erreichung des Soll-Achsabstandes.

In den bisher durchgeführten Untersuchungen hat Schapp [1] vor allem das Verschleißverhalten der Schabräder untersucht. Hierbei wurden vorwiegend Schrägverzahnungen mit kleinen Moduln beim Parallel- und Diagonalschaben betrachtet. Zunächst wurden Nomogramme entwickelt, aus denen in Abhängigkeit von den Verzahnungsparametern diejenigen Schnittbedingungen ermittelt werden können, bei denen optimale Verzahnungsqualitäten erzielt werden. In Standzeitversuchen zeigte sich, daß die Schnittlänge der Schneidkante eine Bezugsgröße für das Verschleißverhalten darstellt. Eine Erhöhung der Standzeit ließ sich durch eine gezielte Veränderung der Schnittlänge durch die Wahl anderer Schabraddaten erreichen.

Die Untersuchungen von Schapp wurden bei Verzahnungen durchgeführt, bei denen die geforderte Verzahnungsqualität relativ leicht erreicht wird, so daß die Schabradgeometrie zur Verbesserung des Standzeitverhaltens in weiten Grenzen variiert werden konnte. Es gibt aber eine Vielzahl von Verzahnungen, bei denen gerade die Verzahnungsqualität das größte Problem darstellt. Diese Räder sind dadurch gekennzeichnet, daß der Überdeckungsgrad der Paarung Schabrad - Werkrad unter 2 liegt.

1.1 Zielsetzung

Beim Schaben von geradverzahnten Rädern und bei Rädern mit kleinen Zähnezahlen liegt häufig der Überdeckungsgrad der Paarung Schabrad - Werkrad unter zwei. Aufgrund des kleinen Überdeckungsgrades ergeben sich ungünstige Eingriffsverhältnisse, weil die Anzahl der im Eingriff befindlichen Flanken relativ stark von 2 bis auf den doppelten Wert 4 ansteigt [2] . Hieraus ergeben sich beim Schaben folgende Probleme (Bild 3):

Problem	Lösungsmöglichkeit
zu kurze Standzeit	positivere Profilverschiebung bei der Schabradauslegung
schlechte Verzahnungsqualität	Konkav - Schabrad mit größerem Schrägungswinkel

Bild 3:   Probleme beim Zahnradschaben

1) Die Standzeit der Schabräder ist in der Großserie oft unbefriedigend und sehr schlecht reproduzierbar.

2) Die geforderte Verzahnungsqualität kann häufig nicht erreicht werden, weil der Flankenform- oder der Grundkreisfehler der erzeugten Verzahnung die Toleranz überschreitet.

Aus diesen beiden Schwierigkeiten, die in der Praxis häufig nur eine ungenügende Nutzung der Schabräder zulassen, folgt die Zielsetzung des vorliegenden Berichtes. Es sollen die Möglichkeiten zur Lösung dieser Probleme untersucht werden. Um die Standzeit zu verlängern, wird eine positivere Profilverschiebung des Schabrades vorgeschlagen. Die Verzahnungsqualität läßt sich durch ein Konkav-Schabrad verbessern, das durch einen größeren Schrägungswinkel und einen Hohlschliff gekennzeichnet ist.

Im ersten Teil des Berichtes wird zunächst die Auslegung von konventionellen Schabrädern, bei denen der Schrägungswinkel möglichst klein ist, behandelt. Aus Versuchsergebnissen wird eine andere Auslegung mit einer positiveren Profilverschiebung hergeleitet, die eine bessere Ausnutzung des Schabrades gewährleistet als bisher. Bei den hierzu vorgestellten Standzeitversuchen wird einerseits die erzielbare Verzahnungsqualität und andererseits der Schabradverschleiß näher betrachtet.

Die konventionelle Auslegung mit einem möglichst kleinen Schabrad-Schrägungswinkel liefert aber bei ungünstigen Verzahnungsgeometrien keine befriedigenden Ergebnisse. Deshalb wird im 2. Teil des Berichtes ein neu entwickeltes Konkav-Schabrad vorgestellt. Bei diesem Schabrad wird der Überdeckungsgrad durch eine zusätzliche Sprungüberdeckung erhöht. Diese zusätzliche Sprungüberdeckung bewirkt, daß das Werkrad entlang einer schrägliegenden Berührlinie auf der gesamten Schabradbreite gleichzeitig bearbeitet wird. Am Schluß dieses Berichtes werden erste Ergebnisse vom Einsatz dieser neuen Konkav-Schabräder vorgestellt.

2. KONVENTIONELLE AUSLEGUNG EINES SCHABRADES

Zu einem vorgegebenen Werkrad soll ein Schabrad berechnet werden. Hierbei sind bei der Bearbeitung der Verzahnung bestimmte Forderungen zu erfüllen. Um diese schon bei der Schabradauslegung berücksichtigen zu können, muß der Eingriff von Schabrad und Werkrad berechnet werden.

Im folgenden werden zunächst einige theoretische Überlegungen zu den Eingriffsverhältnissen zwischen Schabrad und Werkrad dargelegt.

2.1 Ermittlung der Eingriffsverhältnisse

Schabrad und Werkrad bilden infolge der gekreuzten Achsen ein zylindrisches Schraubwälzgetriebe. Im Bild 4 sind links zwei schrägverzahnte Zylinderräder im Eingriff dargestellt, deren Achsen infolge

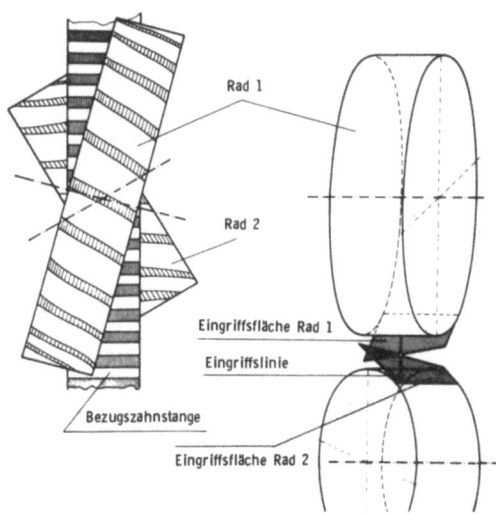

Bild 4: Eingriffsverhältnisse beim Schaben

unterschiedlicher Schrägungswinkel einen Achskreuzwinkel einschließen. Die Verzahnung eines jeden Rades weist ein Bezugsprofil auf, das beim Abwälzen des betreffenden Betriebswälzzylinders an einer Ebene entsteht, die durch den Wälzpunkt geht und normal zur Zentralen verläuft. (Die Zentrale ist die kürzeste Verbindung der beiden Drehachsen [3].) Als Bezugsprofil ergeben sich für Schabrad und Werkrad zwei Zahnstangen, die innerhalb des aktiven Profils deckungsgleich sind. Diese gemeinsame Bezugszahnstange verschiebt sich beim Abwälzen beider

Räder translatorisch. Zwischen den Flanken der Bezugszahnstange und
denen des betreffenden Gegenrades liegt Linienberührung entlang der
Erzeugenden der Verzahnung vor. Die beiden Erzeugenden von Schabrad
und Werkrad schneiden sich, so daß nur Punktberührung auftritt. Die
Berührpunkte durchlaufen beim Abwälzvorgang die Eingriffslinie.
Schapp [1] hat nachgewiesen, daß diese Eingriffslinie im gemeinsamen
Normalschnitt der Verzahnungen liegt.

Die bisher bekannten Berechnungsverfahren berücksichtigen diese Erkenntnis nur insofern, als die Schrägverzahnung in die entsprechende
ideale Geradverzahnung mit den Verzahnungsparametern des Normalschnittes umgerechnet wird.

Wie im zweiten Teil dieses Berichtes noch gezeigt wird, lassen sich
damit die Berührungsverhältnisse zwischen Schabrad und Werkrad nicht
berechnen. Außerdem können nach den bisherigen Rechenverfahren folgende Größen nicht genau ermittelt werden:

        1) Betriebseingriffswinkel
        2) Achsabstand
        3) Achskreuzwinkel

Da die Erzielung einer guten Verzahnungsqualität bei den untersuchten
Rädern bisher so große Schwierigkeiten bereitet, ist es erforderlich,
das Schabrad sehr genau zu berechnen. Daher wird im folgenden ein
Berechnungsverfahren vorgestellt, mit dem die Eingriffsverhältnisse
und dann die Berührungsverhältnisse zwischen Schabrad und Werkrad
ermittelt werden können.

2.1.1 Berechnung des Betriebseingriffswinkels

Bei dem Berechnungsverfahren wird von den Gleichungen für schrägverzahnte Räder ausgegangen. Da es sich beim Schaben um ein Schraubwälzgetriebe mit gekreuzten Achsen handelt, läßt sich der Betriebseingriffswinkel nicht direkt ermitteln. Dieser wird daher in einer Iteration berechnet. In <u>Bild 5</u> ist der Eingriff von Schabrad und Werkrad im Normalschnitt der Verzahnung am Betriebswälzkreis dargestellt. Um die Berechnung möglichst einfach zu gestalten, wurde die Wälzstellung gewählt, bei
der sich die Mitte des Schabradzahnes mit der achsverbindenden Zentralen
deckt; diese wird im folgenden Symmetriestellung I genannt. Wie aus
Bild 5 hervorgeht, ist der Betriebseingriffswinkel dann richtig berechnet,
wenn am Berührpunkt die Zahndicke des Werkrades gleich der Zahnlücke
des Schabrades ist. Wenn bei der Berechnung der Eingriffswinkel und
damit auch der Achsabstand zu groß gewählt ist, tritt zwischen den
Schabrad- und Werkradzähnen Spiel auf. Bei der Iteration wird der Betriebseingriffswinkel im Normalschnitt vorgegeben und geprüft, ob Spiel
auftritt. Danach wird der Winkel dementsprechend korrigiert.

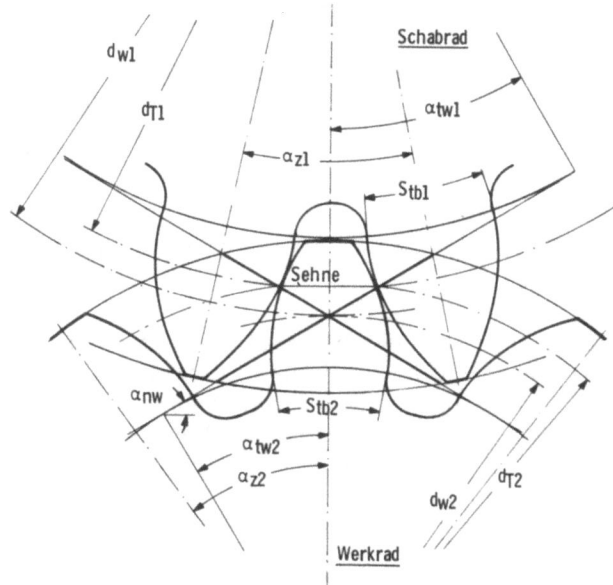

Bild 5: Eingriff von Schabrad und Werkrad im Normalschnitt

Zur Berechnung des Spieles werden zunächst die Berührdurchmesser d_T in der Symmetriestellung I nach folgenden Formeln ermittelt:

Schabrad (1)

$$d_{T1} = d_{b1}\sqrt{1 + \left(\left(\frac{S_{tb1}}{d_{b1}} - \text{ev}\,\alpha_{tw1} - \frac{\alpha_z}{2}\right)\cdot \cos^2\beta_{b1} + \tan\alpha_{tw1}\right)^2} \quad (2)$$

Werkrad (2)

$$d_{T2} = d_{b2}\sqrt{1 + \left(\left(\frac{S_{tb2}}{d_{b2}} - \text{ev}\,\alpha_{tw2}\right)\cdot \cos^2\beta_{b2} + \tan\alpha_{tw2}\right)^2} \quad (3)$$

S_{tb} Zahndicke auf dem Grundkreis im Stirnschnitt

α_{tw} Betriebseingriffswinkel im Stirnschnitt

α_z Teilung im Bogenmaß

β_b Schrägungswinkel am Grundkreis

An dem Berührdurchmesser d_T wird aus der Zahndicke im Normalschnitt unter Berücksichtigung des Schrägungswinkels im Betriebswälzkreis der Verzahnung das Spiel berechnet. Mit dem Betriebseingriffswinkel lassen sich dann der Achsabstand und der Achskreuzwinkel berechnen.

Damit ist der Eingriff von Schabrad und Werkrad genau bestimmt, so daß im folgenden die Flankenberührung für verschiedene Wälzstellungen untersucht werden kann.

2.1.2 Berechnung der Folge der Flankenberührungen während einer Eingriffsperiode

Für das Schaben von Zahnrädern, bei denen der Überdeckungsgrad der Paarung Schabrad - Werkrad kleiner als 2 ist, liegt häufig ein charakteristischer Flankenformfehler vor. <u>Bild 6</u> zeigt dazu ein typisches Fehlerdiagramm. Man erkennt, daß an einigen Stellen Flankenerhöhungen

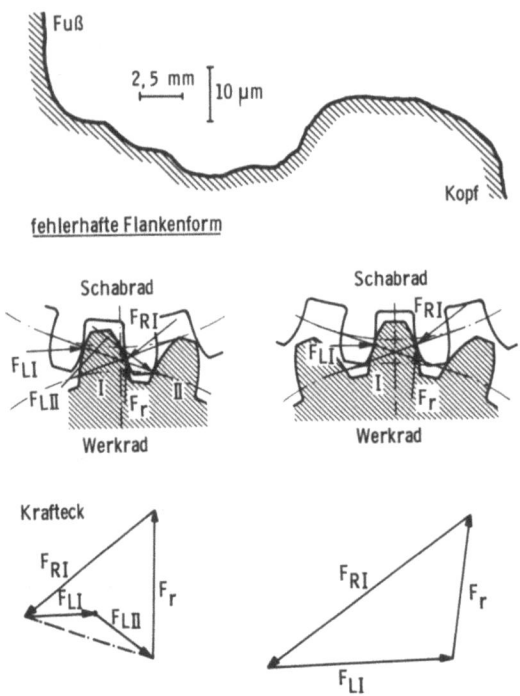

Bild 6: Anpreßkräfte beim Zahnradschaben

und an anderen Flankenvertiefungen auftreten. Dies bedeutet, daß der Materialabtrag in verschiedenen Wälzstellungen unterschiedlich ist. Dieser ist einerseits abhängig von der Schneidengeometrie und andererseits von der Anpreßkraft, mit der die Schabradschneidstollen in die

Werkradflanke gedrückt werden. Da sich die Schneidengeometrie beim Abwälzen praktisch nicht ändert, muß der unterschiedliche Abtrag vor allem auf eine periodisch schwankende Anpreßkraft zurückgeführt werden. Diese wird beim Zweiflankenschaben durch eine radiale Zustellung des Werkrades erzeugt.

Im unteren Teil des Bildes ist der Eingriff von Schabrad - Werkrad in zwei verschiedenen Wälzstellungen gezeigt. In der Skizze im linken Teil sind am Werkradzahn I die Rechts- und Linksflanke im Eingriff, während am Werkradzahn II nur die Linksflanke im Eingriff ist. Die radiale Anpreßkraft F_r teilt sich so auf die drei Flanken auf, daß Kräftegleichgewicht herrscht. Unter Berücksichtigung der Reibungskräfte ergeben sich qualitativ die eingezeichneten Kraftrichtungen. Für eine überschlägige Betrachtung soll die unterschiedliche Verzahnungssteifigkeit vernachlässigt werden, so daß an den beiden Linksflanken die Kräfte gleich groß sind. Unter diesen Voraussetzungen ergibt sich das Krafteck im unteren Bildteil.

Man erkennt, daß die Kraft F_{rI}, die auf die Rechtsflanke wirkt, etwa doppelt so groß ist wie diejenige auf der Linksflanke (F_{lI} bzw. F_{lII}). Das bedeutet, daß an dieser Stelle auf der Rechtsflanke wesentlich mehr Material abgetragen wird. Im rechten Teil des Bildes sind die Kräfte überschlägig für eine andere Wälzstellung ermittelt worden. Da gleich viele Rechts- und Linksflanken ineinandergreifen, ist ein gleichmäßiger Abtrag gewährleistet. Aus diesen Betrachtungen folgt, daß in den Fällen, in denen in jeder Wälzstellung genauso viele Rechts- wie Linksflanken im Eingriff sind, ein kleiner Flankenformfehler zu erwarten ist.

Es läßt sich für jede Wälzstellung die Anzahl A der im Eingriff befindlichen Flanken angeben. Der Verlauf von A beim Durchwälzen einer Eingriffsteilung soll "Folge der Flankenberührungen für eine Periode" genannt werden. Mit der Kenntnis dieser Folge der Flankenberührungen kann schon bei der Schabradauslegung die Forderung berücksichtigt werden, daß in jeder Wälzstellung gleich viele Rechts- und Linksflanken eingreifen sollten.

2.1.2.1 Analyse der kinematischen Eingriffsverhältnisse zwischen Schabrad und Werkrad

Zur Berechnung der Folge der Flankenberührungen werden zunächst die Eingriffsverhältnisse beim Schaben analysiert. Auf Grund des radialen Annäherns zwischen Schabrad und Werkrad liegt Zweiflankenanlage vor (Bild 7). Da es sich um eine Evolventenverzahnung handelt, ist die Eingriffslinie gerade, und die Berührpunkte haben immer einen konstanten Abstand von einer Eingriffsteilung voneinander. Aus dem Verzahnungsgesetz folgt, daß sich die Berührpunkte der Rechtsflanken auf der Eingriffsstrecke um denselben Betrag verschieben wie diejenigen der Linksflanken. Aus Symmetriegründen sind die Eingriffsstrecken für beide Flanken gleich lang. Bei der eingezeichneten Drehrichtung wandern die Berührpunkte auf der rechten Flanke des Werkrades vom Fuß zum Kopf und diejenigen auf der linken entgegengesetzt.

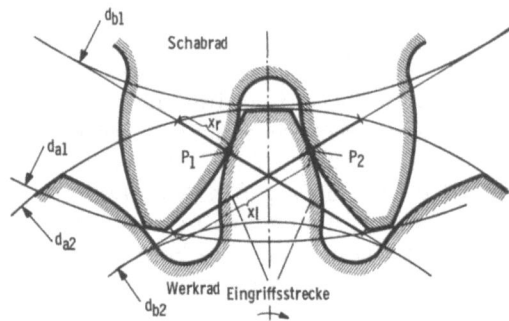

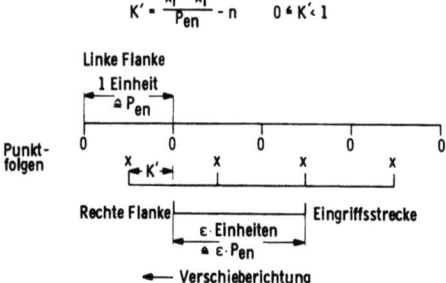

Bild 7: Ermittlung der Folge der Flankenberührungen

Mit den oben dargelegten Zusammenhängen kann der Eingriff von Schabrad und Werkrad relativ einfach untersucht werden. Beim Abwälzen ist nicht die Bewegung der Flanken erforderlich, sondern es genügt die Verschiebung der Berührungspunkte auf den Eingriffsstrecken. Dies bedeutet aber nichts anderes als die gemeinsame Verschiebung der beiden Punktfolgen, für die Rechts- und Linksflanken über die Eingriffsstrecke, wie es unten in Bild 7 dargestellt ist.

Für die Untersuchung der Folge der Flankenberührungen kann aus den Verzahnungsdaten der Abstand der Punkte voneinander (eine Eingriffsteilung) und die Länge der Eingriffsstrecke entnommen werden. Zusätzlich muß noch der Versatz K der beiden Punktfolgen ermittelt werden, der ein Maß für die Lage der Berührpunkte relativ zum Beginn der Eingriffsstrecke ist.

2.1.2.2 Beziehung zwischen den Punktfolgen für die Rechts- und Linksflanke

Zur Berechnung des Versatzes K der beiden Punktfolgen wird von der in Bild 7 dargestellten Sonderstellung ausgegangen. Die Mitte des Schabradzahnes steht auf der kürzesten Verbindungslinie der beiden Radachsen. In dieser Stellung wird die relative Lage der Rechts- und Linksflanken durch die Größen x_r und x_l angegeben. Der Versatz K entspricht der Differenz zwischen x_r und x_l und wird nach folgender Formel berechnet:

$$K = g_n \sqrt{d_a^2 - d_b^2} \; \frac{1}{\cos \beta_b} + \left(\tan^2 \beta_b \cdot \tan \alpha_{tw} + \alpha_{tw} - \alpha_z + \frac{s_{tb}}{d_b} \right) d_w \cdot \cos \beta_w \qquad (4)$$

g_n = Eingriffsstrecke im Normalschnitt

α_{tw} = Betriebseingriffswinkel im Stirnschnitt

α_z = Teilung im Bogenmaß

α_{tb} = Zahndicke auf dem Grundkreis im Stirnschnitt

Um verschiedene Verzahnungen einfach vergleichen zu können, wird K auf eine Eingriffsteilung bezogen und eine ganze Zahl n abgezogen, so daß der damit ermittelte Wert K' zwischen 0 und 1 liegt.

$$K' = \frac{K}{P_{en}} - n \qquad (5)$$

Damit sind alle Größen zur Untersuchung der Eingriffsverhältnisse bekannt. Im einzelnen gibt die Folge der Flankenberührungen für eine Periode folgendes an:

1) Anzahl der sich berührenden Flanken (A)

2) Verteilung dieser Anzahl A über eine Periode (Teilung)

3) Länge der Teilstrecken, in denen die Anzahl A der sich berührenden Flanken konstant bleibt.

4) Die Wälzstellung, bei der eine rechte bzw. linke Flanke zusätzlich eingreift.

Die Ergebnisse der Untersuchung sind in der Tabelle 1 zusammengefaßt. Um die Folge der Flankenberührungen den Wälzstellungen zuordnen zu können, wird am Werkrad als Bezugsflanke die Linksflanke gewählt, die vom Kopf zum Fuß hin durchlaufen wird. Die Folge der Flankenberührungen werden nur für eine Teilung angegeben; anschließend wiederholt sie sich.

Die mögliche Anzahl A der Flankenberührpunkte wird aus dem Überdeckungsgrad abgeleitet:

$$E + G = \varepsilon \qquad E = \ldots,000$$
$$G = 0,\ldots \qquad (6)$$

Hierin ist E eine ganze Zahl, während G eine positive Zahl kleiner als 1 ist. Für die Anzahl der Flankenberührpunkte sind grundsätzlich 3 Fälle möglich. Sie werden mit A_0, A_1 und A_2 bezeichnet und lassen sich folgendermaßen berechnen.

1) $A_0 = 2E$ \qquad (7)

2) $A_1 = 2E + 1$ \qquad (8)

3) $A_2 = 2E + 2$ \qquad (9)

In der folgenden Tabelle 1 wird der zusätzliche Eingriff einer Rechts- bzw. Linksflanke durch die Symbole $\bar{R}$, $\bar{L}$ gekennzeichnet, während die Symbole $\underline{R}$, $\underline{L}$ verwendet werden, wenn eine Flanke außer Eingriff geht. Vereinbarungsgemäß beginnt eine Flankenfolge immer damit, daß eine Linksflanke zusätzlich in Eingriff kommt.

Fall	Gültigkeitsbereich		Berührpunktfolge Länge der Teilstrecken verursachende Flanke			
	G	K'				
1	0	$0 < K' < 1$	A_1 0 $\overline{L}\,\underline{L}$	A_0 K'	A_1 0 $\overline{R}\,\underline{R}$	A_0 K'
2	$0 \leq G < 1$	0	A_2 G $\overline{L},\overline{R}$		A_0 $1-G$ $\underline{L}\,\underline{R}$	
3	$0 < G \leq 0,5$ $0,5 \leq G < 1$	$0 < K' \leq G$ $0 < K' \leq 1-G$	A_1 K' $\overline{L}$	A_2 $G-K'$ $\overline{R}$	A_1 K' $\underline{R}$	A_0 $1-G-K'$ $\underline{L}$
4	$0 < G \leq 0,5$ $0,5 < G < 1$	$1-G < K' < 1$ $G < K' < 1$	A_2 $G+K'-1$ $\overline{L}$	A_1 $1-K'$ $\underline{R}$	A_0 $K'-G$ $\underline{L}$	A_1 $1-K'$ $\overline{R}$
5	$0 < G \leq 0,5$	$G < K' \leq 1-G$	A_1 G $\overline{L}$	A_0 $K'-G$ $\underline{L}$	A_1 G $\overline{R}$	A_0 $1-G-K'$ $\underline{R}$
6	$0,5 < G < 1$	$1-G < K' < G$	A_2 $K'+G-1$ $\overline{L}$	A_1 $1-G$ $\underline{R}$	A_2 $G-K'$ $\overline{R}$	A_1 $1-G$ $\underline{L}$

Tabelle 1:   Folge der Flankenberührungen für eine Periode

Die Bedeutung der Folge der Flankenberührungen für die erzielte Flankenform am Werkrad soll an zwei Beispielen erläutert werden. In Bild 8 ist in der Skizze unten der Eingriff von Schabrad und Werkrad gezeichnet. Man

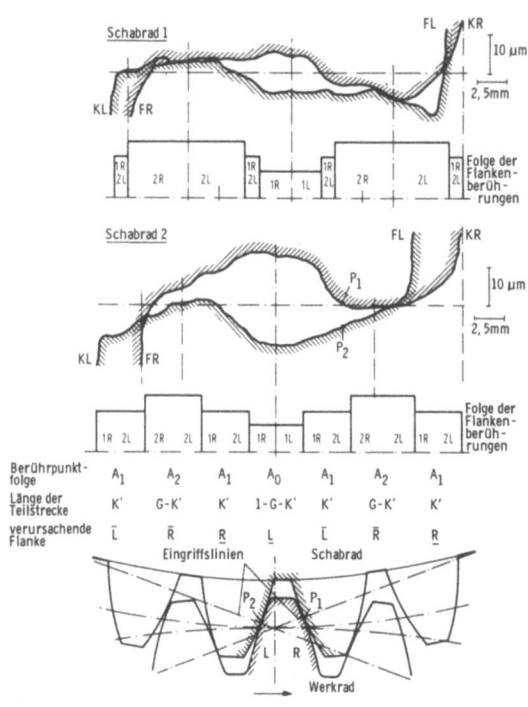

Bild 8: Zusammenhang zwischen dem Flankenformfehler und der Folge der Flankenberührungen

erkennt, wie die Bearbeitung der rechten und linken Flanke aneinander gekoppelt ist. Bei der eingezeichneten Stellung wird auf der rechten Werkradflanke der Zahn am Punkt P_1 und auf der linken am Punkt P_2 bearbeitet. In den Evolventendiagrammen für das Schabrad 2 wurden die Punkte P_1 und P_2 den entsprechenden Stellen im Diagramm zugeordnet. Die Diagramme wurden so angeordnet, daß die Stellen, die gleichzeitig bearbeitet werden, genau übereinanderliegen. Bei rechtsdrehendem Werkrad wird dann die Linksflanke vom Kopf zum Fuß hin bearbeitet; bei der Rechtsflanke ist es umgekehrt. Dies bedeutet in dem Flankenformdiagramm, daß der Berührpunkt von links nach rechts wandert.

Beispielhaft soll für das Schabrad 2 die Ermittlung der Folge der Flankenberührungen vorgeführt werden.

Aus den geometrischen Daten von Schabrad und Werkrad wird der Überdeckungsgrad $\varepsilon = 1,52$ und der Kennwert $K' = 0,22$ ermittelt. Aus dem Überdeckungsgrad ergeben sich für die Anzahl A der Flankenberührpunkte

$$A_0 = 2, \quad A_1 = 3, \quad A_2 = 4$$

und der Kennwert $G = 0,52$. Aus G und K' folgt entsprechend der oben aufgestellten Tabelle Fall 3. Damit kann dann die unter dem Diagramm eingetragene Folge der Flankenberührungen angegeben werden.

Vergleicht man die Flankenformdiagramme der beiden Schabräder miteinander, so ist zu erkennen, daß in den Bereichen mit 2-Flankenberührung auf der Rechts- und Linksflanke gleichzeitig Flankenvertiefungen auftreten. Das bedeutet, daß in diesen Bereichen an beiden Flanken mehr Material abgetragen worden ist als in den Bereichen mit 4-Flankenberührung. Eingeleitet wird dieser Bereich mit erhöhtem Abtrag durch einen steilen Anstieg der Flanken innerhalb der 3-Flankenberührung, die zwischen der 2- und 4-Flankenberührung liegt. Der erhöhte Abtrag ist mit einem großen Flankenformfehler verbunden. Bei dem Schabrad 2 wird der große Flankenformfehler f_f von 10 μm durch den relativ langen Bereich der 3-Flankenberührung verursacht. Die 3-Flankenberührung bewirkt, daß die radiale Anpreßkraft ungleichmäßig auf die Rechts- und Linksflanke verteilt wird.

Aus den Untersuchungen über den Zusammenhang zwischen der Flankenform und der Folge der Flankenberührung läßt sich für die Schabradauslegung folgendes herleiten: Eine Schabradauslegung ist dann günstig, wenn die 3-Flankenberührungsstrecke sehr klein, im Idealfall Null ist. Das bedeutet, daß in jeder Wälzstellung gleich viele Rechts- und Linksflanken im Eingriff sind. Wie dies bei der Auslegung erreicht werden kann, soll im folgenden Kapitel gezeigt werden.

2.2 Auslegungskriterien eines Schabrades

Bevor die Erkenntnisse bei der Untersuchung der Folge der Flankenberührungen für die Schabradauslegung angewendet werden können, muß geklärt werden, in welchen Grenzen die Schabradgeometrie verändert werden kann. Als Beispiel wird eine Geradverzahnung mit folgenden Daten gewählt: $m_n = 4,5$ mm, $\alpha_n = 24°$ und $z = 50$.

2.2.1 Auslegungsgrenzen

Bei der Schabradauslegung sind durch das Werkrad der Normalmodul und der Normaleingriffswinkel vorgegeben. Der Schrägungswinkel des Schabrades wird nach Schapp [1] so gewählt, daß einerseits der Achskreuzwinkel γ etwa $15°$ beträgt und andererseits der Schabradschrägungswinkel β möglichst klein ist. In diesem Fall ist er $15°$. Die Zähnezahl wird zum einen nach der Größe der heute eingesetzten Maschinen so festgesetzt, daß sich ein Außendurchmesser kleiner als 250 mm ergibt; zum anderen soll ein Werkradzahn im Laufe der Bearbeitung immer wieder von einem anderen Schabradzahn geschabt werden, so daß als Zähnezahl in der Regel eine Primzahl gewählt wird. Für das genannte Beispiel ergeben sich 53 Zähne.

Als variable Größen bleiben nur noch der Außendurchmesser und die Profilverschiebung des Schabrades. Im Bild 9 ist in dem Diagramm über dem Profilverschiebungsfaktor der Außendurchmesser des Schabrades angegeben. Die Wahl von Außendurchmesser und Profilverschiebung ist durch vier Grenzen eingeschränkt.

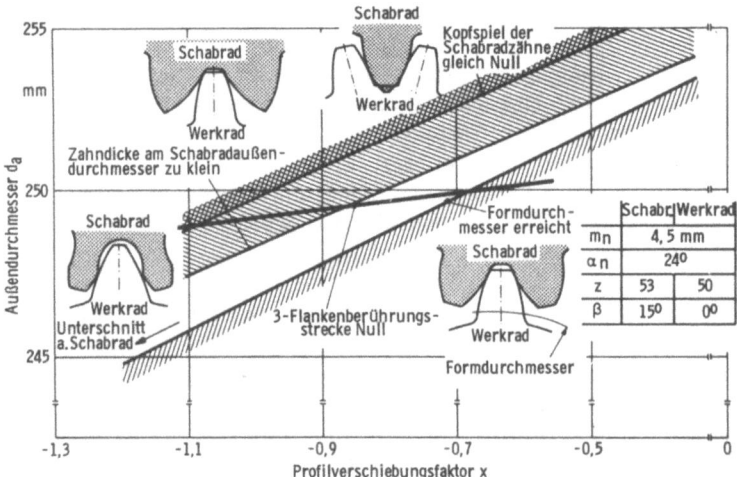

Bild 9: Auslegungsbereich eines Schabrades

1) Unterschnitt am Schabrad
2) Zahndicke am Schabradaußendurchmesser zu klein
3) Kopfspiel der Schabradzähne gleich Null
4) Formdurchmesser erreicht.

Die einzelnen Kriterien sollen noch kurz erläutert werden. Bei zu großer negativer Profilverschiebung tritt an der Schabradflanke Unterschnitt auf, so daß das Werkrad am Kopf nicht mehr bearbeitet wird.

Bei einer bestimmten Profilverschiebung kann ein zu großer Außendurchmesser zu Störungen führen: Zum einen kann das Spiel zwischen dem Außendurchmesser des Schabrades und dem Fußkreisdurchmesser des Werkrades zu klein werden, so daß ein Abwälzen nicht mehr möglich ist. Zum anderen kann die Zahndicke am Schabradaußendurchmesser so klein werden, daß die Nuten zur Erzeugung der Schneidkanten nicht mehr untergebracht werden können. Welches der beiden Kriterien den Auslegungsbereich nach oben begrenzt, hängt von den Verzahnungsdaten ab. Nach unten hin ist der Schabradaußendurchmesser dadurch festgelegt, daß am Werkrad mindestens die gesamte aktive Flanke, die von der Paarung der Werkräder im Getriebe bestimmt wird, bearbeitet werden muß.

Die oben diskutierten Grenzlinien sind in das Diagramm eingezeichnet; es ergibt sich ein Auslegungsbereich innerhalb der schraffierten Flächen.

In diesem Auslegungsbereich kann man für jede mögliche Kombination von x und d_a die Folge der Flankenberührungen berechnen und dadurch prüfen, ob schon auf Grund der geometrischen Verhältnisse gute Ergebnisse zu erwarten sind. Entsprechend den oben gewonnenen Erkenntnissen über die anzustrebende Folge der Flankenberührungen wurden die Kombinationen, bei denen in jeder Wälzstellung gleich viele Rechts- und Linksflanken im Eingriff sind, durch die Linie "3-Flankenberührungsstrecke Null" verbunden. Man erkennt, daß die Linie im möglichen Auslegungsbereich liegt. Außerdem ist mit zunehmend negativerer Profilverschiebung ein kleinerer Außendurchmesser notwendig.

2.2.2 Praktische Auslegung eines Schabrades

Nachdem die Grundlagen zur Auslegung eines Schabrades dargelegt wurden, soll im folgenden an Hand des genannten Beispiels erläutert werden, welche Kriterien bei der Wahl der Profilverschiebung in der Praxis zu berücksichtigen sind.

Um das Schabrad wirtschaftlich auszunutzen, wird es während seiner Nutzungszeit etwa 10 mal nachgeschliffen. Durch den Nachschliff wird die Zahndicke verkleinert, so daß die Profilverschiebung kleiner wird; das bedeutet bei einer negativen Profilverschiebung, daß der Betrag größer wird. Für den ausnutzbaren Profilverschiebungsbereich gibt es zwei Grenzen. Der maximal mögliche ist durch die Höhe der Schneidstollen bestimmt. In dem betrachteten Beispiel beträgt er $\Delta x = 0,55$.

Die maximal ausnutzbare Profilverschiebungsdifferenz wird in der Praxis oft durch die folgende Forderung weiter eingeschränkt. In einer Standzeit muß eine wirtschaftlich vertretbare Anzahl von Werkrädern mit der geforderten Verzahnungsqualität geschabt werden. Welches dieser beiden Kriterien das Einsatzende des Schabrades bestimmt, hängt von der Paarung Schabrad - Werkrad ab. Im <u>Bild 10</u> ist für das gewählte Beispiel ein Teil des theoretisch nutzbaren Auslegungsbereiches noch einmal vergrößert herausgezeichnet worden. Die angestrebte Folge der Flankenberührungen - "3-Flankenberührungsstrecke Null" - ist durch die dick durchgezogene Linie gekennzeichnet. Sie kann nur in einem kleinen Profilverschiebungsbereich eingehalten werden. Bisher wird bei der Schabradauslegung, d.h. bei einem neuen Schabrad, der Profilverschiebungszustand angestrebt, der nach den hier vorgestellten Untersuchungen mit "3-Flankenberührungsstrecke Null" beschrieben werden kann.

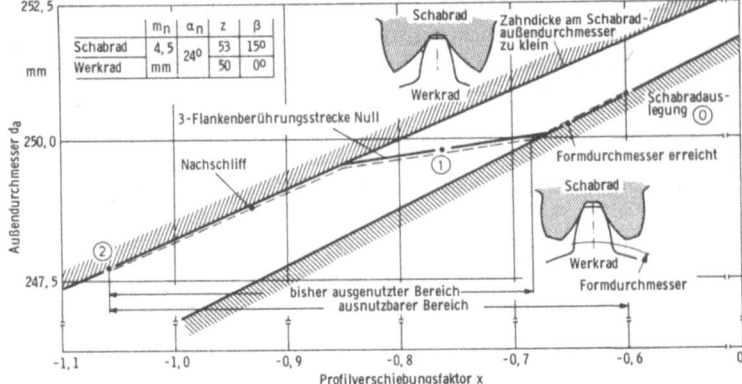

Bild 10: Praktische Auslegung eines Schabrades

Damit ergibt sich hier ein Profilverschiebungsfaktor von x = - 0,68 und ein Schabradaußendurchmesser von d_a = 250 mm. Der Nachschliff erfolgt entsprechend der gestrichelten Linie. In Standzeitversuchen wurden unterschiedliche Schabradauslegungen miteinander verglichen. In diesen Versuchen konnte bei einem Profilverschiebungsfaktor von x = - 1,06 wegen der 3-Flankenberührungsstrecke mit 480 Werkrädern nur etwa ein Drittel der Standmenge erreicht werden wie bei dem Schabrad mit x = - 0,77. Das bedeutet, daß ein wirtschaftlicher Einsatz des Schabrades über x = - 1,06 hinaus nicht gewährleistet ist. Das Nutzungsende des Schabrades ist in diesem Fall durch das zweite Kriterium bestimmt (zu geringe Standmenge). Eine optimale Nutzung des Schabrades ist aber erst dann gegeben, wenn das Schabrad wegen zu niedriger Schneidstollen nicht mehr eingesetzt werden kann.

Aus diesen Erfahrungen wurde eine neue Schabradauslegung mit x = -0,6 vorgeschlagen. Wie aus dem Diagramm in Bild 10 zu erkennen ist, wird dadurch der ausnutzbare Bereich größer als bisher; er umfaßt den gesamten Profilverschiebungsbereich, der auf Grund der Stollenhöhe am Schabradzahn möglich ist.

In Bild 11 ist für die beiden Auslegungen mit kleinem und größerem Profilverschiebungsbereich qualitativ die Länge der Dreiflankenberührungsstrecke dargestellt. Bei der bisher verwendeten Schabradauslegung bleibt der Bereich der Dreiflankenberührung während der ersten Nachschliffe Null, so daß die geometrischen Verhältnisse günstig sind. Bei weiteren Nachschliffen verschlechtern sich die Verhältnisse, weil eine 3-Flankenberührungsstrecke auftritt, die dann immer größer wird.

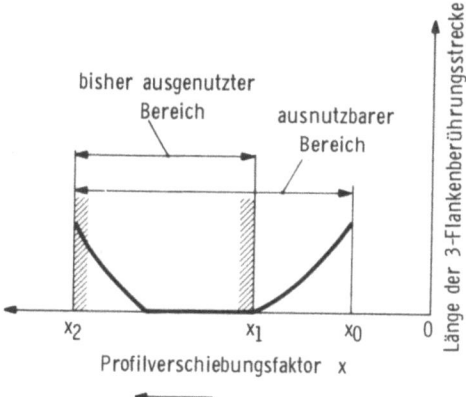

Bild 11: Veränderung der 3-Flankenberührungsstrecke beim Schabradnachschliff

Um das Schabrad optimal zu nutzen, wäre es sinnvoll, am Beginn und am Ende der Nutzungsdauer eine etwa gleich große 3-Flankenberührungsstrecke zuzulassen. Hierbei ergeben sich zwei Möglichkeiten:

1. Der ausgenutzte Profilverschiebungsbereich bleibt erhalten, aber die größte auftretende 3-Flankenberührungsstrecke ist kürzer als bisher.

2. Die maximal zulässige 3-Flankenberührungsstrecke ist so lang wie bisher, aber der ausnutzbare Profilverschiebungsbereich ist größer.

In beiden Fällen muß bei der Schabradauslegung eine weniger stark negative Profilverschiebung gewählt werden. In Bild 10 ist die zweite Möglichkeit gewählt und hierfür der ausnutzbare Profilverschiebungsbereich eingetragen worden.

Ein Schabrad mit der neuen Auslegung wurde im praktischen Einsatz erprobt. In Bild 12 sind für drei Profilverschiebungsfaktoren die erreichten Standmengen in Form von Balkendiagrammen aufgetragen. Man erkennt, daß bei der Neuauslegung eine gleich große Standzeit erreicht wurde wie bei dem abgenutzten Schabrad. Das beweist, daß durch die Neuauslegung der Nutzungsbereich des Schabrades vergrößert wurde, so daß ein wirtschaftlicher Einsatz gewährleistet ist.

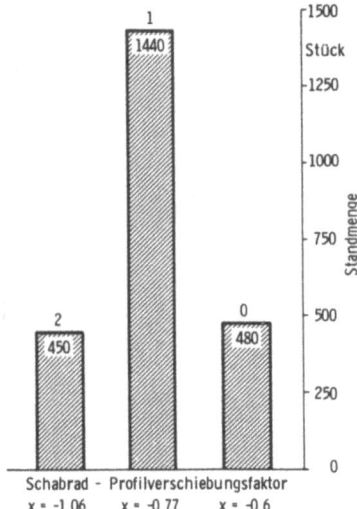

Bild 12: Erreichbare Standmengen bei unterschiedlicher Schabradprofilverschiebung

2.3 Standzeitversuche

Für den praktischen Einsatz eines Schabrades ist entscheidend, daß bei den produzierten Zahnrädern eine gleichmäßig gute Qualität erreicht wird. Um zu untersuchen, in welcher Weise die Verzahnungsqualität von der Anzahl der geschabten Räder abhängt, wurden Standzeituntersuchungen durchgeführt, in denen besonderes Augenmerk auf folgende Punkte gelegt wurde:

1) Die Änderung der Verzahnungsfehler mit der Anzahl der geschabten Räder;

2) die erreichte Standmenge;

3) die Ursache für das Standzeitende;

4) die Art und Größe des Schabradverschleißes.

Zur Auswertung der Standzeitversuche wurden in bestimmten Zeitabständen mehrere Werkräder ausgemessen. Darüber hinaus wurde das Schabrad zu Beginn und am Ende der Standzeit hinsichtlich Flankenform und -richtung vermessen.

Entsprechend den Untersuchungen zur Auslegung eines Schabrades wurden mit zwei Schabrädern unterschiedlicher Auslegung Standzeitversuche an Werkrädern mit folgenden Daten durchgeführt:

Normaleingriffswinkel	α_n	$= 24°$
Normalmodul	m_n	$= 4,5$ mm
Schrägungswinkel	β	$= 0$
Zähnezahl	z	$= 50$
Profilverschiebungsfaktor	x	$= 0,408$
Verzahnungsbreite	b	$= 44$ mm

Die eingesetzten Schabräder hatten folgende Daten:

	Schabrad 1	Schabrad 2
Schrägungswinkel	$\beta = 15°$	
Zähnezahl	$z = 53$	
Verzahnungsbreite	$b = 25$ mm	
Profilverschiebungsfaktor	$x = -0,77$	$x = -1,06$

Die beiden Schabräder hatten bei der Auslegung dieselbe Profilverschiebung. Auf Grund einer unterschiedlichen Anzahl von Nachschliffen ergeben sich die angegebenen unterschiedlichen Profilverschiebungsfaktoren. Sie entsprechen im Auslegungsdiagramm in Bild 10 den Punkten ① und ②

2.3.1 Erzielte Verzahnungsqualität der geschabten Räder innerhalb der Schabradstandzeit

Zunächst soll der Verlauf der Fehler an den Werkrädern für den Einsatz der Schabräder diskutiert werden. Aus den Meßdiagrammen wurden der Flankenformfehler, der Grundkreisfehler und der Flankenrichtungsfehler ermittelt. In <u>Bild 13</u> ist über der Stückzahl der geschabten Räder der Flankenformfehler der gefrästen und geschabten Räder aufgetragen. Im oberen Teil des Bildes, in dem die Ergebnisse für das Schabrad 1 dargestellt sind, ist folgendes zu erkennen: Entgegen der Erwartung, daß der Fehler mit zunehmender Abnutzung des Schabrades zunimmt, liegt der Flankenformfehler unabhängig von den Fehlern der Vorverzahnung bis zu 1100 geschabten Rädern bei 5 µm. Erst von dieser Stückzahl an steigt der Fehler an. Das Standzeitende wird bei 1400 Werkrädern wegen eines Flankenformfehlers von ca. 10 µm erreicht.

Im unteren Teil des Bildes sind die entsprechenden Werte für das Schabrad 2 wiedergegeben. Hierbei ergibt sich das gewohnte Bild, daß der Fehler mit der Anzahl der geschabten Räder kontinuierlich anwächst. Hinzu kommt, daß der Anstieg relativ rasch erfolgt, so daß schon nach 480 Rädern bei einem Flankenformfehler von 10 µm das Standzeitende des

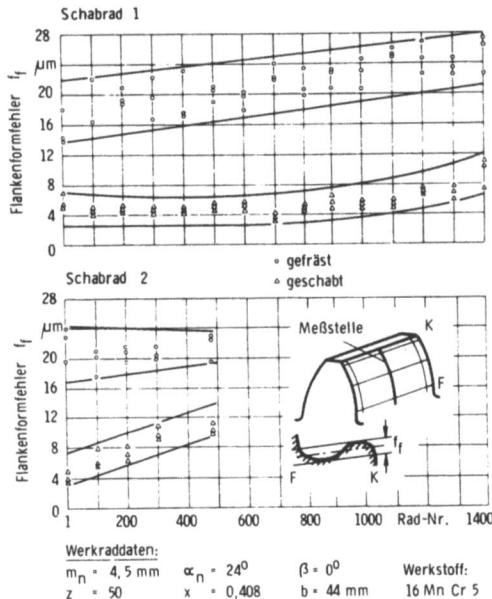

Bild 13: Verlauf des Flankenformfehlers bei 2 unterschiedlichen Schabrad-Profilverschiebungen

Schabrades erreicht war. Vergleicht man bei den beiden Schabrädern die Fehler der Werkräder vor und nach dem Schaben, so erkennt man, daß die Fehler nach dem Schaben vor allem von der Anzahl der geschabten Räder und nicht so sehr von der Vorverzahnungsqualität abhängen.

Der Grundkreisfehler F_g ist im <u>Bild 14</u> wiedergegeben. Es fällt auf, daß große negative Fehler von der Vorverzahnung her am Beginn der beiden Standzeiten in positive Fehler nach dem Schaben umgewandelt werden. Da wegen des Härteverzuges im vorliegenden Fall ein positiver Grundkreisfehler erwünscht ist, ist das Standzeitende nicht durch den Grundkreisfehler F_g bedingt.

Aufgrund des geringen Flankenrichtungsfehlers nach dem Fräsen <u>(Bild 15)</u> war bezüglich dieses Fehlers durch das Schaben keine Verbesserung zu erwarten. Außerdem kann durch die Schabmaschineneinstellung der Achskreuzwinkel und damit der Schrägungswinkel des Werkrades eingestellt werden.

Zur Bewertung der Werkradqualität bei den Standzeitversuchen kann zusammenfassend folgendes gesagt werden:

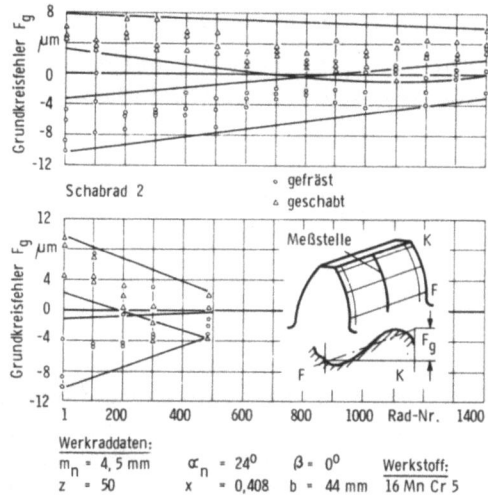

Bild 14: Verlauf des Grundkreisfehlers bei 2 unterschiedlichen Schabrad-Profilverschiebungen

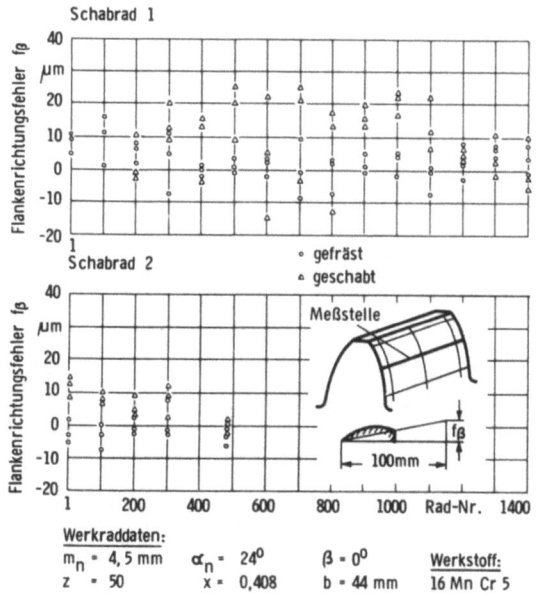

Bild 15: Verlauf des Flankenrichtungsfehlers bei 2 unterschiedlichen Schabrad-Profilverschiebungen

1) Der Flankenformfehler stellt die wichtigste Beurteilungsgröße der Verzahnung nach dem Schaben dar.

2) Der Verlauf der Fehler ist nicht von vornherein vorauszusehen, sondern sollte durch Messungen während der gesamten Standzeit ermittelt werden.

3) Die Standmenge ist sehr stark von der Auslegung des Schabrades, d.h. von der Profilverschiebung abhängig.

2.3.2 Verschleiß am Schabrad

Beim Schaben hängen die erreichbare Verzahnungsqualität und der Schabradverschleiß eng zusammen. Im folgenden soll geklärt werden, welche Verschleißform vorwiegend auftritt und wie sie sich auf die Standmenge auswirkt. Im Bild 16 sind Flankenform- und Flankenrichtungsdiagramme

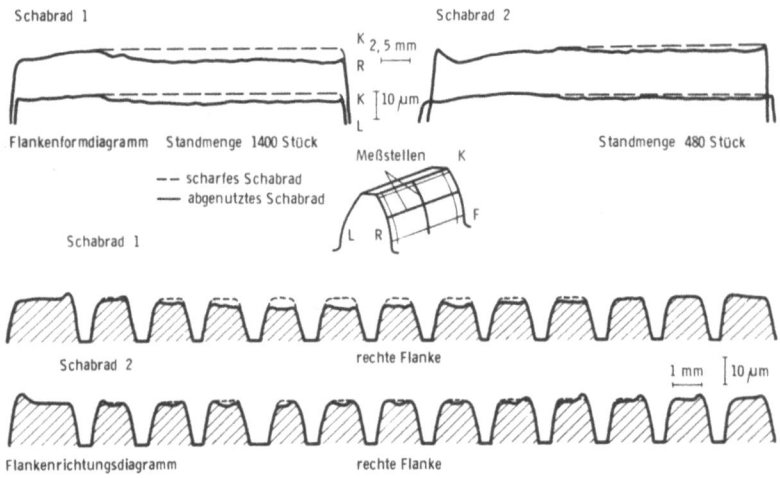

Bild 16: Schabradverschleiß bei unterschiedlichen Standmengen

von Schabrädern wiedergegeben. Die Diagramme der scharfen Schabräder sind durch eine gestrichelte und die der abgenutzten Schabräder durch eine durchgezogene Linie gekennzeichnet. Aus den Diagrammen der scharfen Schabräder ist zu erkennen, daß die Räder keinerlei Formschliff aufweisen. An den Flankenformdiagrammen des Schabrades 1 (links oben) ist deutlich ein Verschleiß von 3 .... 4 µm zu erkennen, während beim Schabrad 2 nur ein Abtrag von 1 µm gemessen wurde. Auffallend an diesem Meßschrieb ist, daß am Zahnkopf unabhängig vom Verschleiß eine kleine Spitze aus aufgetragenem Material auftritt.

Die Flankenrichtungsdiagramme der beiden Schabräder sind im unteren Teil des Bildes dargestellt. Aus dem Vergleich der Diagramme der abgenutzten und der scharfen Schabräder ist zu sehen, daß das Schabrad durch den Verschleiß konkav geworden ist. Der unterschiedlich hohe Verschleiß ist auch bei den Flankenrichtungsdiagrammen wiederzufinden. Die Standzeit beim Schabrad 1 war etwa dreimal so groß wie beim Schabrad 2. Dennoch ist der Verschleiß mit 3 ..... 4 µm - dem Flankenrichtungsdiagramm entnommen - gegenüber Schabrad 2 mit 2 .... 3 µm nur um die Hälfte angestiegen. An den Schneidkanten selbst sind Aufwölbungen zu erkennen, die beim Schabrad 1 2 µm groß sind und beim Schabrad 2 3 µm. Sie ragen zum Teil noch über die ursprüngliche Flanke hinaus. Eine Vergrößerung des Abrundungsradius der abgenutzten Schneide gegenüber der geschliffenen ist nicht festzustellen. Dies konnte durch eine Flankenrichtungsmessung mit einem Perth-O-Meter-Oberflächenmeßgerät bestätigt werden.

Um die Erscheinung der Aufwölbungen zu klären, wurde ein Zahn näher untersucht. Bild 17 zeigt dazu einige Rasterelektronenmikroskop-Aufnahmen. An dem Übersichtsbild im linken Teil sind deutlich die Schabspuren zu erkennen. In dem Bild oben rechts ist an der Kopfkante eine

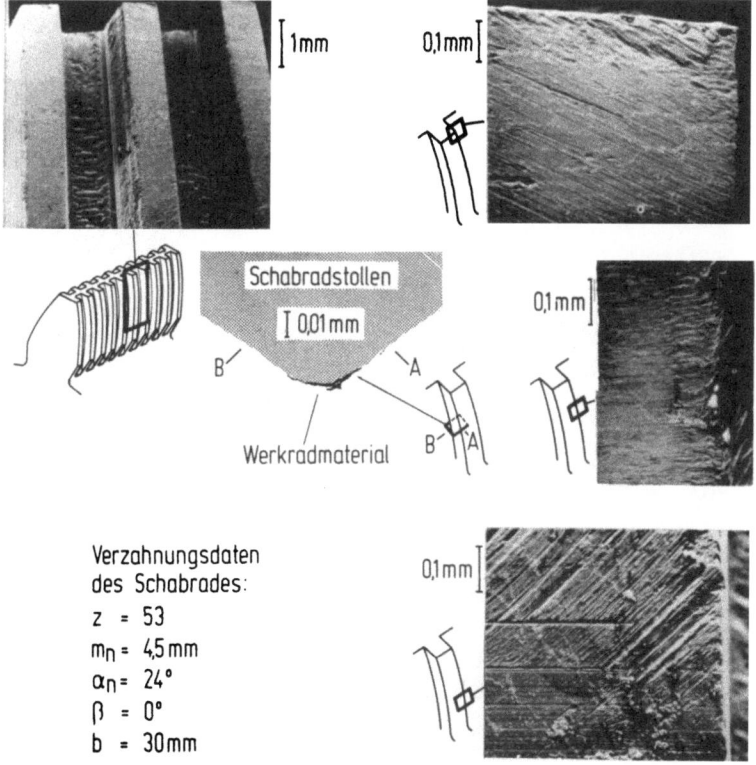

Bild 17: Aufgetragenes Werkradmaterial am Schabradzahn

Aufwölbung aus aufgetragenem Material zu sehen, das direkt an der Kopfkante wieder abgeplatzt ist. Auf dem mittleren Bild, das einen Flankenausschnitt in der Nähe des Wälzkreises zeigt, verlaufen die Schabspuren waagerecht; an der Schneidkante ist Werkradmaterial aufgetragen. Im Bild rechts unten, das den Übergang vom aktiven Profil zum nicht mehr im Eingriff befindlichen Teil zeigt, sind die waagerechten Spuren vom Schleifen an der Schneidkante durch aufgetragenes Material zugeschmiert, an dem die Bearbeitungsspuren noch zu erkennen sind. Um zu klären, aus welchem Material die Aufwölbungen bestehen, wurde ein Querschliff (in Bildmitte) durch einen Schabradstollen angefertigt. Durch Anätzen mit HNO_3 wird der Schabradstollen aus Schnellarbeitsstahl nicht angegriffen, während das Werkradmaterial aus 16 Mn Cr 5 im Bild dunkel erscheint. Zur besseren Verdeutlichung wurde im Bild der Bereich des Schnellarbeitsstahls angelegt. Das Bild zeigt, daß das aufgetragene Material vom Werkrad stammt.

Aus den Untersuchungen des Schabradverschleißes geht hervor:

1) Der Schabradstollen wird durch Abrieb verkleinert,

2) An den Schneidkanten wird Werkradmaterial aufgetragen,

3) Die schwankende Standmenge kann nicht auf Unterschiede im Verschleiß zurückgeführt werden.

3. MAßNAHMEN ZUR VERBESSERUNG DER VERZAHNUNGSQUALITÄT

Um die Kosten der Feinbearbeitung zu senken, soll der Anwendungsbereich für das Schaben erweitert werden. Das bedeutet, daß Verzahnungen, die bisher wegen ihrer extremen Verzahnungsdaten oder wegen ihrer geringen Stückzahl geschliffen wurden, geschabt werden sollen. In diesen Fällen muß die Verzahnungsqualität der geschabten Räder gegenüber dem heutigen Stand wesentlich verbessert werden.

In <u>Bild 18</u> sind die Haupteinflußgrößen auf die Verzahnungsqualität beim Schaben wiedergegeben. Da die Geometrie des Werkstückes durch die spätere Verwendung im Getriebe festgelegt ist, können hier keine Untersuchungen zur Verbesserung der Verzahnungsqualität ansetzen. Damit bleiben zur Beeinflussung der Verzahnungsqualität nur noch die Möglichkeiten, das Verfahren zu variieren oder die Werkzeugkonstruktion zu ändern. Aus den Ausführungen in Abschnitt 2.1 geht hervor, daß beim Schaben von Zahnrädern, bei denen der Überdeckungsgrad der Paarung Schabrad - Werkrad kleiner als 2 ist, die unbefriedigende Verzahnungsqualität im wesentlichen durch die stark schwankende Anpreßkraft infolge der unterschiedlichen Anzahl im Eingriff befindlicher Zahnflanken verursacht wird. In diesen Fällen liefert oft auch die in Abschnitt 2.2.2. dargelegte Schabradauslegung keine befriedigenden Ergebnisse, sondern führt zu periodischen Flankenformfehlern.

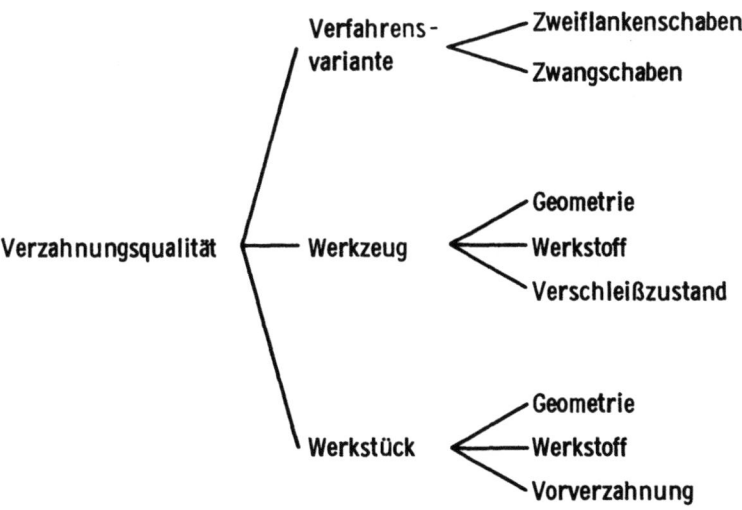

<u>Bild 18:</u> Einflußgrößen auf die Verzahnungsqualität beim Schaben

Um die Anpreßkraft gleichmäßiger zu halten, bieten sich zwei Möglichkeiten an:

1) Änderung des Verfahrens durch den Einsatz des Zwangschabens
2) Änderung der Schabradgeometrie

3.1 Einsatzmöglichkeiten für das Zwangschaben

Beim Zwangschaben soll durch äußere Einwirkung ein Gleichlauf zwischen Schabrad und Werkrad erreicht werden. Als Verfahrensvarianten sind das Einflanken- und das Zweiflankenzwangschaben möglich.

Zunächst soll das Einflankenzwangschaben diskutiert werden. Die Kräfte beim Schabprozeß treten als Zerspankräfte auf und führen zu einer Verlagerung von Schabrad und Werkrad. Damit ist im allgemeinen ein Übersetzungsfehler verbunden. Durch den zwangsweisen Antrieb des Werkrades mit Hilfe eines Getriebezuges - wie er in <u>Bild 19</u> prinzipiell dargestellt ist - muß einerseits eine Anpreßkraft zwischen Schabrad- und Werkradflanke aufgebracht werden, um eine Spanabnahme zu erreichen. Andererseits muß ein Gleichlauf zwischen Schabrad und Werkrad garantiert werden, so daß sich die Schabradflanke auf der Werkradflanke geometrisch genau abbildet. Um die zweite Forderung erfüllen zu können, muß die Steifigkeit des Getriebezuges mindestens genau so groß sein wie die der Schabradzähne.

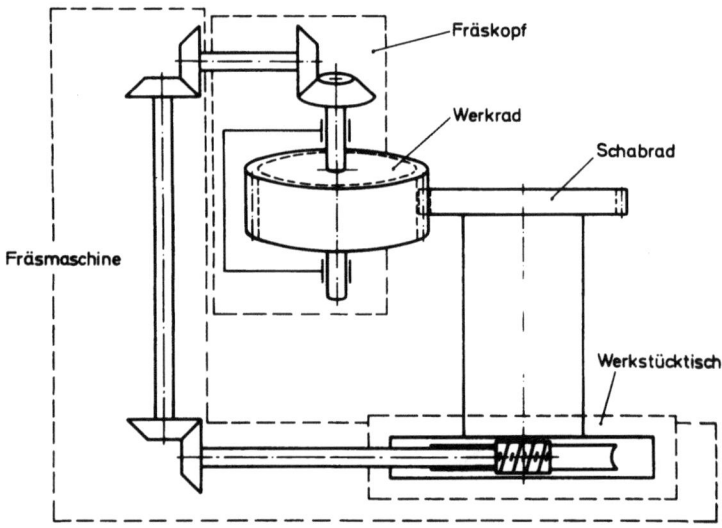

<u>Bild 19:</u> Prinzip des Zwangschabens am Beispiel einer Fräsmaschine

Zur Verwirklichung der komplizierten kinematischen Beziehung zwischen Schabrad und Werkrad ist in jedem Fall ein Getriebezug mit langen Wellen und einer großen Anzahl von Übertragungsgliedern notwendig. Unter diesen Begingungen kann die geforderte Steifigkeit nicht erreicht werden.

Darüber hinaus ist zu berücksichtigen, daß sich nach Ziegler [4] die Verzahnungssteifigkeit eines im Eingriff befindlichen Zahnpaares beim Abwälzen periodisch ändert. Dadurch verformen sich Schabrad- und Werkradzahn bei Gleichlauf in Abhängigkeit von der Wälzstellung unterschiedlich, so daß auch bei einem unendlich steifen Getriebezug kein fehlerfreies Rad geschabt werden kann.

Beim Zweiflankenzwangschaben sind zusätzlich noch weitere Forderungen zu erfüllen: Da die Anpreßkraft zwischen den Flanken von Schabrad und Werkrad durch radiale Zustellung für beide Flanken gleichzeitig aufgebracht wird, muß der Getriebezug spielfrei und sehr steif sein. Hinzu kommt, daß sich durch die Zweiflankenanlage die Anpreßkräfte unterschiedlich auf die Rechts- und Linksflanken verteilen, wie es in Abschnitt 2.1 überschlagsmäßig gezeigt wurde. Aus diesen Betrachtungen, die durch entsprechende Stichversuche belegt wurden, folgt, daß das Zwangschaben keine grundsätzliche Verbesserung der Verzahnungsqualität erbringt.

3.2 Verbesserung der Berührungsverhältnisse durch eine günstigere Schabradauslegung

Da durch das Zwangschaben nicht die geforderte Verzahnungsqualität erreicht werden kann, bleibt entsprechend Bild 18 nur noch die Möglichkeit, die Werkzeuggeometrie zu verändern.

Im **Bild 20** ist oben ein charakteristisches Flankenformdiagramm, wie es beim Schaben häufig entsteht, dargestellt. Wie schon in Kapitel 2.1.1 festgelegt wurde, ist der große Flankenformfehler durch die periodisch schwankende Anpreßkraft zwischen Schabrad- und Werkradzahn zu erklären.

Ein besseres Schabergebnis ist zu erwarten, wenn die Stellen, an denen sonst Flankenvertiefungen und die Stellen, an denen sonst Flankenerhöhungen auftreten, gleichzeitig bearbeitet werden. Dies läßt sich durch ein Schabrad erreichen, das so ausgelegt ist, daß zwischen Schabrad und Werkrad nicht wie bisher üblich Punktberührung, sondern Linienberührung auftritt. Dabei ist zu fordern, daß die Berührlinie schräg über die Flanke verläuft. Bei der heute üblichen Tauchschabradauslegung geht zwar die Berührlinie über die gesamte Verzahnungsbreite, aber sie verläuft nahezu parallel zur Kopfkante. Dies bedeutet, daß die Eingriffsverhältnisse bei der üblichen Auslegung einer Geradverzahnung ähneln. Das vorgeschlagene neue Schabrad soll wegen des notwendigen Hohlschliffes Konkav-Schabrad genannt werden. Wegen der schräg liegenden Berührlinie ergibt sich ein Schraubwälzgetriebe, bei dem die Eingriffsverhältnisse

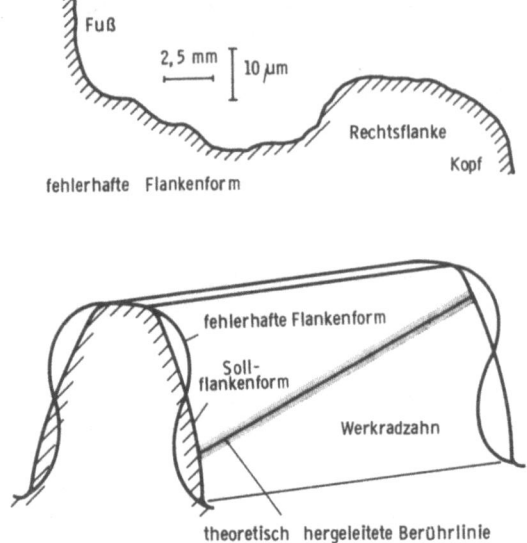

Bild 20: Berührlinie beim Tauchschaben

einer Schrägverzahnung gleichen. In diesem Fall kommt zu der Profilüberdeckung noch die Sprungüberdeckung hinzu, so daß die Gesamtüberdeckung erhöht wird. Damit scheint eine Lösung der gestellten Aufgabe, die Verzahnungsqualität bei schwer schabbaren Verzahnungen zu verbessern, durch das neue Konkav-Schabrad möglich.

Um zu klären, von welcher Schabradgeometrie die geforderten Berührungsverhältnisse erfüllt werden, wurde ein Verfahren zur Berechnung der Schmiegung von Schabrad und Werkrad erstellt. Hierbei ließ sich die bisher verwendete Berechnungsmethode für die Schabradauslegung nicht anwenden, weil dabei das Schraubwälzgetriebe durch ein ideelles geradverzahntes Getriebe ersetzt wird.

Das Rechnerprogramm [5] ermittelt zunächst für verschiedene Wälzstellungen die Linie über die gesamte Werkradbreite, die den geringsten Abstand von der Schabradflanke hat. Außerdem wird der Abstand selbst errechnet. Um eine Berührung auf der gesamten Schabradbreite zu erreichen, muß dieser Abstand durch einen entsprechenden Schabradhohlschliff ausgeglichen werden.

3.2.1 Berechnung der Schmiegung zwischen Schabrad- und Werkradflanke

Zum besseren Verständnis des Berechnungsverfahrens sollen zunächst qualitative Überlegungen über die Berührungsverhältnisse dargelegt werden. Im Bild 21 sind zwei Flanken von außenverzahnten Zylinder-

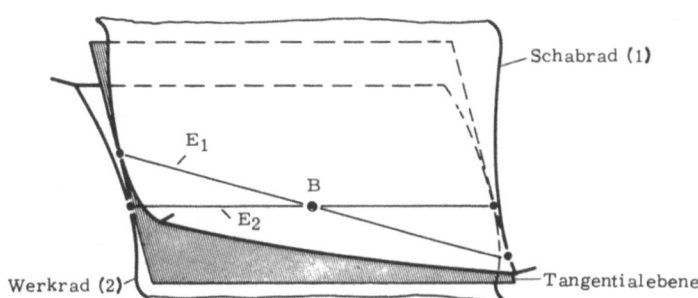

Bild 21: Qualitative Betrachtung der Berührungsverhältnisse

rädern 1 und 2 mit unterschiedlichem Schrägungswinkel als Schraubenräder gepaart. Die Zähne liegen auf verschiedenen Seiten der gemeinsamen Tangentialebene. In dieser Tangentialebene haben die beiden Erzeugenden E_1 und E_2 der beiden Flanken verschiedene Richtungen. Der Schnittpunkt der beiden Erzeugenden ist der Berührpunkt B zwischen den beiden Zahnflanken. An allen anderen Punkten haben die beiden Flanken einen bestimmten Abstand voneinander. Im Rahmen dieser Untersuchung interessieren auf der Werkradflanke in verschiedenen Zahnbreiten die Punkte, die zur Schabradflanke den geringsten Abstand haben. Rein qualitativ kann ausgesagt werden, daß sie zwischen den beiden Erzeugenden liegen müssen. Die genaue Lage der Punkte wird in dem oben erwähnten Berechnungsverfahren ermittelt. Die Folge der Punkte über die gesamte Radbreite soll Schmiegungslinie genannt werden.

Mit dem Berechnungsverfahren wird im einzelnen folgendes ermittelt:

1) Die Schmiegungslinie,

2) Der Abstand der Flanken entlang der Schmiegungslinie.

Aus der Lage der Schmiegungslinie kann der Sprungüberdeckungsgrad bestimmt werden und aus dem Abstand der Flanken der Hohlschliff des Schabrades, damit auf der gesamten Breite Linienberührung erreicht wird.

Die Berechnung erfolgt in vier Stufen:

1) Wahl des Berührdurchmessers;
2) Stufenweise Verschiebung der Normalebene über die gesamte Verzahnungsbreite;
3) Berechnung der gemeinsamen Tangente an die Grundzylinder im Normalschnitt zur Ermittlung der Flankenpunkte mit dem geringsten Abstand;
4) Berechnung der Schmiegungslinie und des Hohlschliffes.

Da sich die Schmiegungsverhältnisse zwischen Schabrad und Werkrad beim Abwälzen ändern, muß zunächst - wie im Bild 22 dargestellt ist - eine Wälzstellung und damit auch der Berührdurchmesser gewählt werden.

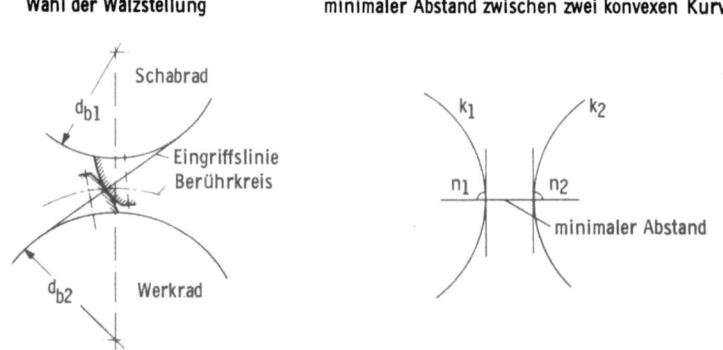

Bild 22: Wahl der Wälzstellung

Für jede Wälzstellung wird die Schmiegungslinie berechnet. Sie ist in allen Schnitten über die gesamte Zahnbreite dadurch definiert, daß die Flanken dort den geringsten Abstand voneinander haben. Um die Berechnung zu vereinfachen, wird das räumliche Problem in ein ebenes umgewandelt. Es werden gemeinsame Schnittebenen durch die Schabrad- und Werkradflanke gelegt und dafür der geringste Abstand bestimmt.

Allgemein gilt, daß der Abstand der beiden konvexen Kurven k_1 und k_2 in Bild 22 in den Punkten am kleinsten ist, in denen sie eine gemeinsame Normale n haben. Die konvexen Kurven sind bei den betrachteten Zahnrädern Evolventen, so daß die Normale einfach bestimmt werden kann. Aus dem Erzeugungsgesetz folgt, daß die Normale in einem Punkt der Evolvente die Tangente an den Grundkreis ist. Die gemeinsame Normale an die Evolventen von Schabrad und Werkrad ist daher die gemeinsame Tangente an die Grundkreise.

Da es sich um ein Schraubwälzgetriebe handelt, sind die Grundzylinder
nicht parallel (Bild 23), so daß die Tangente nicht direkt berechnet werden
kann. Die gemeinsame Bezugsebene von Schabrad und Werkrad ist eine

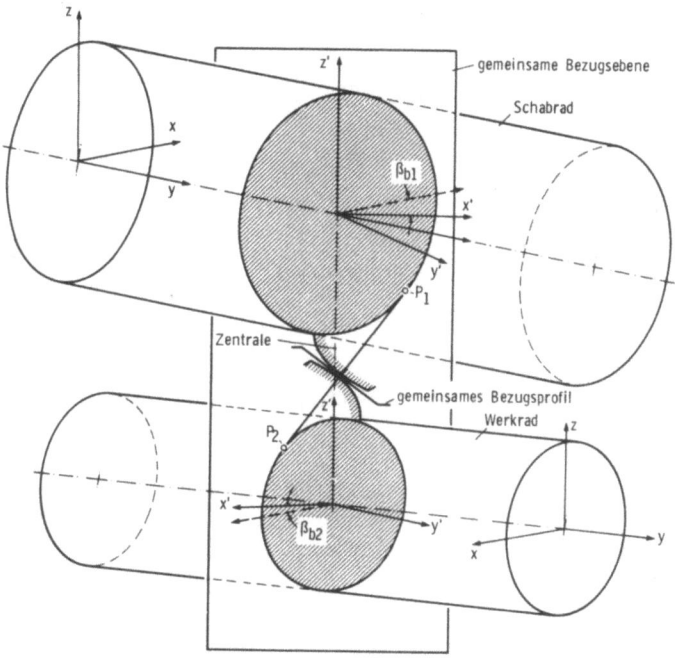

Bild 23: Berechnung der gemeinsamen Tangente an die Grundzylinder

Ebene, die den Normalschnitt der Verzahnung am Betriebswälzkreis und die
Zentrale enthält. Sie schneidet die Grundzylinder unter dem Schrägungswinkel im Betriebswälzkreis, so daß die schräg schraffierten Grundellipsen entstehen..

Um die Schmiegungslinie zu berechnen, wird die gemeinsame Bezugsebene
stufenweise über die gesamte Radbreite verschoben und die Tangente an
die Grundellipsen ermittelt. Im Bild ergeben sich für die gemeinsame
Bezugsebene die beiden Punkte P_1 und P_2 als Berührpunkte zwischen Tangente und Grundellipse. Zur Berechnung der zugehörigen Flankenpunkte muß
die Zuordnung vom Normal- zum Stirnschnitt erfolgen. Hierzu wird der
Durchstoßpunkt der gemeinsamen Tangente durch das Bezugsprofil ermittelt. Dieser gibt dann an, welcher Stirnschnitt beim Schabrad und Werkrad
betrachtet wurde. In diesem Stirnschnitt kann aus der Lage von Tangente

und Evolvente der zugehörige Flankenpunkt P ermittelt werden (Bild 24).

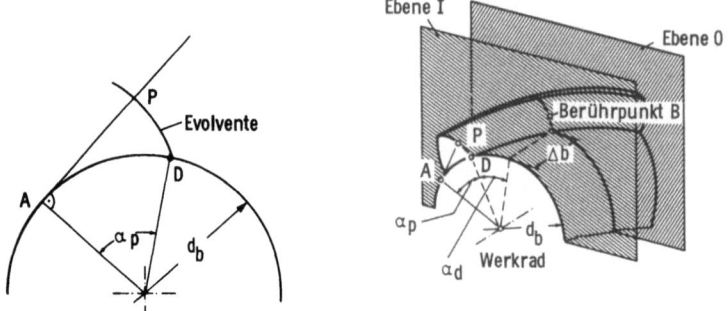

Bild 24:   Berechnung der zugehörigen Flankenpunkte

Der Punkt P der Tangenten ist durch die Evolvente bestimmt, deren Ausgangspunkt am Grundkreis gegenüber dem Berührpunkt A der Tangenten um den Winkel α_p versetzt ist.

Der Berührpunkt der Tangente mit dem Grundkreis ist aus den bisherigen Berechnungen bekannt. Im folgenden soll gezeigt werden, wie bei einer Schrägverzahnung der Ausgangspunkt der Evolvente am Grundkreis ermittelt wird.

Im rechten Teil des Bildes 24 ist ein schrägverzahnter Werkradzahn mit der Ebene 0 dargestellt, in der der Berührpunkt B liegt. In der Ebene I soll zu dem Berührpunkt A der Tangente an den Grundkreis der zugehörige Flankenpunkt bestimmt werden. Der Abstand der Ebene I von der Ebene 0 ist Δb. Nach Niemann [6] gehen bei einem schrägverzahnten Zahnrad die Evolventen in verschiedenen Zahnbreiten dadurch auseinander hervor, daß sie um den Winkel α_d gedreht werden.

$$\alpha_d = \tan \beta \cdot \frac{\Delta b}{d} \qquad (10)$$

d   Teilkreisdurchmesser

Somit ist der Ausgangspunkt der Evolventen in der Ebene I mit dem Grundkreis bestimmt, und es ergibt sich der Flankenpunkt P. Dieselbe Berechnung wird für das Schabrad durchgeführt. Der Abstand dieser beiden Punkte läßt sich dann einfach berechnen und entspricht später dem notwendigen Hohlschliff des Schabrades. Die Folge der Flankenpunkte P über die gesamte Zahnbreite stellt die Schmiegungslinie dar.

3.2.2 Ergebnisse der Schmiegungsberechnung

Die Ergebnisse der Schmiegungsberechnung sind im <u>Bild 25</u> in einer

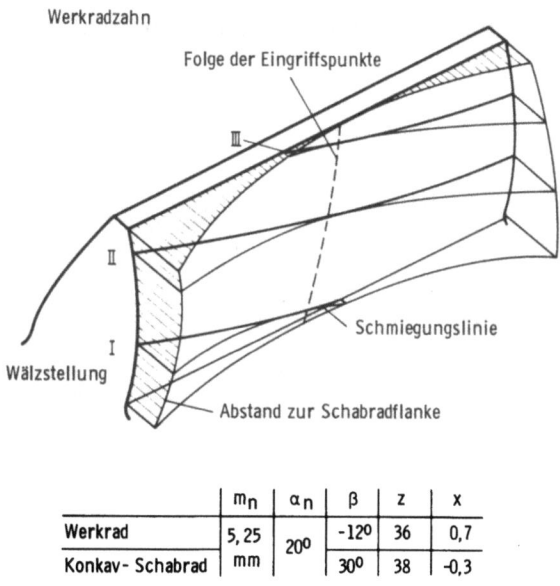

	m_n	α_n	β	z	x
Werkrad	5,25 mm	20°	-12°	36	0,7
Konkav- Schabrad			30°	38	-0,3

<u>Bild 25:</u> Schmiegungsverhältnisse beim Schaben

perspektivischen Darstellung wiedergegeben. Beispielhaft wurden für drei Wälzstellungen die Schmiegungslinien durch die dick durchgezogenen Kurven eingezeichnet. Der kleinste Abstand der Schmiegungslinie auf der Werkradflanke von der Schabradflanke ist für jede Wälzstellung mit einer dünnen Linie aufgetragen. Am Berührpunkt, der dem Eingriffspunkt entspricht, ist der Abstand Null und zu den Seiten hin nimmt er zu. Die Folge der Eingriffspunkte verläuft schräg über die Flanke. Dies führt dazu, daß der Abstand an der linken Stirnseite am Kopf wesentlich größer ist als am Fuß. Daher muß am Schabrad ein Grundkreisfehler geschliffen werden. Vergleicht man hiermit den rechten Rand der Verzahnung, so ist dort die umgekehrte Tendenz festzustellen. Am Schabrad muß also auf Grund der geometrischen Beziehungen ein Hohlschliff erzeugt werden, bei dem in verschiedenen Breiten ein unterschiedlicher Grundkreisfehler vorliegt. Eine solche Verzahnungscharakteristik, die Verschränkung genannt wird, kann mit speziellen Schleifmaschinen für Schabräder hergestellt werden.

Es soll hier darauf hingewiesen werden, daß die oben dargestellte Lage der Verschränkung auf Grund der geometrischen Eingriffsverhältnisse notwendig ist. In der Praxis ergibt sich wegen der unterschiedlichen Aufteilung der Schnittkräfte über die Schabradbreite eine Verschränkung in entgegengesetzter Richtung. Der Wert der Korrektur muß bisher noch empirisch ermittelt werden.

Das oben dargestellte Beispiel zeigt, daß die geforderte Berührlinie erreicht werden kann. Diese bewirkt, daß einerseits das Werkrad auf der gesamten Breite bearbeitet wird und andererseits gleichzeitig an den Stellen, an denen sonst Flankenvertiefungen und Flankenerhöhungen auftreten.

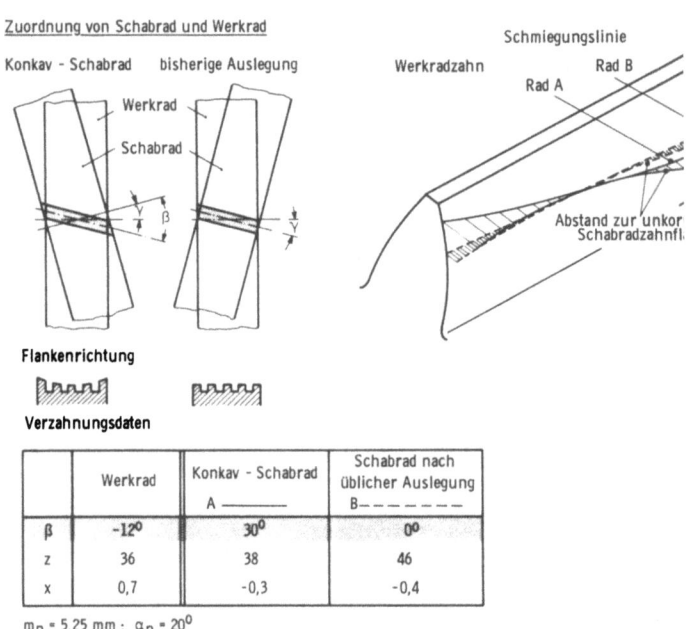

Bild 26: Schmiegungslinien bei unterschiedlichen Schabradauslegungen

In Bild 26 sind zwei Schabradauslegungen mit unterschiedlichem Schrägungswinkel einander gegenübergestellt. Im linken Teil des Bildes ist zu erkennen, daß der prinzipielle Unterschied in der Wahl des Schabradschrägungswinkels liegt. Bei der bisher üblichen Auslegung wird immer ein Schrägungswinkel möglichst nahe $0°$ angestrebt, so daß ein Achskreuzwinkel von etwa $15°$ erreicht wird. In dem vorliegenden Fall bedeutet dies, daß das schrägverzahnte Werkrad mit einem geradverzahnten Schabrad bearbeitet wird. Der Schrägungswinkel des Konkav-Schabrades ist größer als der des Werkrades, so daß das Schabrad gegenüber der bisher üblichen Auslegung anders herumgeschwenkt wird.

Die Auswirkung der unterschiedlichen Auslegung auf die Schmiegungsverhältnisse ist im rechten Teil des Bildes 26 zu erkennen. Auf der Werkradflanke sind durch die durchgezogene Linie die Verhältnisse für eine Wälzstellung bei der neuen Auslegung und durch die dünne bei der alten Auslegung wiedergegeben. Bei dem Konkav-Schabrad verläuft die Berührungslinie schräg über den Zahn, während sie bei der heute üblichen Schabradgeometrie annähernd parallel zur Kopfkante liegt. Der größere Abstand ist vor allem auf den größeren Achskreuzwinkel zurückzuführen.

3.3 Praktische Ergebnisse beim Einsatz von Konkav-Schabrädern

Entsprechend den theoretischen Überlegungen wurden drei Schabradauslegungen für verschiedene Verzahnungen vorgenommen, die im folgenden mit S 1, S 2 und S 3 bezeichnet werden.

Das Schabrad S 1 wurde in zweifacher Ausfertigung zum Tauchschaben von Werkstücken eingesetzt, deren Daten in <u>Bild 27</u> angegeben sind.

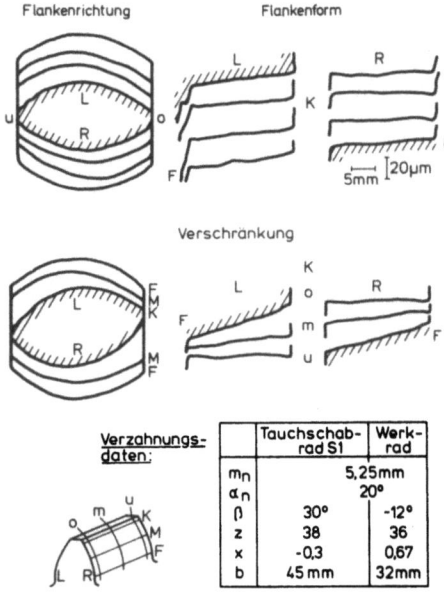

Bild 27: Verzahnungsqualität beim Tauchschaben mit dem Konkav-Schabrad S 1

Die beiden Schabräder unterscheiden sich dadurch, daß die Stollen in dem einen Fall rechtsspiralig versetzt sind und in dem anderen linksspiralig. Deshalb arbeitet das eine Schabrad nach dem Gleichlaufprinzip und das andere nach dem Gegenlaufprinzip. Da das Schabrad, das im Gleichlaufverfahren arbeitete, eine bessere Oberflächenqualität lieferte, wurden die folgenden Versuche nur mit diesem Schabrad weitergeführt. In Bild 27 sind oben Flankenform- und Flankenrichtungsdiagramme von Werkrädern wiedergegeben, die mit dem neuen Schabrad S 1 bearbeitet wurden. Bei diesem Schabrad weist die Flanke keine Abweichungen von der Evolventenform auf. Die Balligkeit am Werkrad entspricht den Forderungen des Anwenders. An den Diagrammen ist zu erkennen, daß Flankenform- und Grundkreisfehler sehr klein sind. Wie aus dem unteren Teil des Bildes hervorgeht, ist die Flankenrichtung über der Zahnhöhe nicht konstant. Das bedeutet, daß noch Verschränkungsfehler auftreten. Dies zeigt sich auch bei den Flankenformdiagrammen in dem unterschiedlichen Grundkreisfehler über der Verzahnungsbreite.

Mit dem Tauchschabrad S 2 wurden Werkräder bearbeitet, deren Daten in <u>Bild 28</u> wiedergegeben sind.

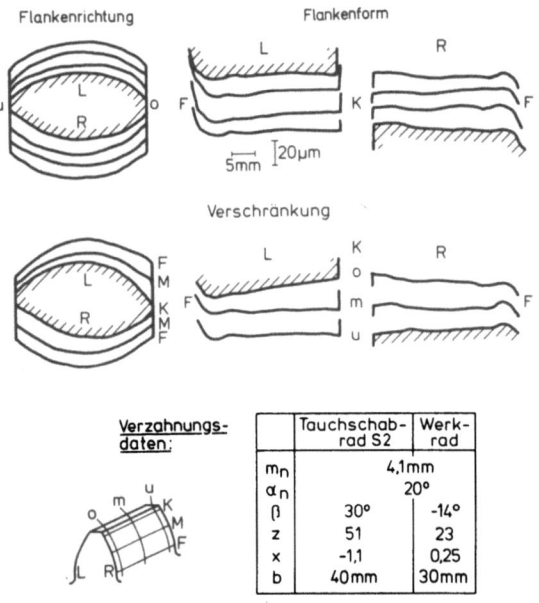

Bild 28:   Verzahnungsqualität beim Tauchschaben mit dem Konkav-Schabrad S 2

Diese Verzahnung gilt als schwer schabbar und konnte bisher nur mit einem Schabrad bearbeitet werden, das einen komplizierten Korrekturschliff hatte. Bei dem neuen Schabrad, das keine Flankenformkorrektur hatte, wurde am Werkrad sowohl in der Flankenform als auch in der Zahnrichtung eine gute Verzahnungsqualität erreicht. Hierbei ist durch den Hohlschliff des Schabrades der Verschränkungsfehler am Werkrad schon so weit beseitigt, daß er innerhalb der Toleranz liegt. Neben der guten Verzahnungsqualität ist bei diesem Schabrad noch die kurze Bearbeitungszeit zu berücksichtigen. Sie beträgt nur 40 s und damit weniger als ein Drittel der Zeit beim Diagonalschaben.

Beim Tauchschaben wird die gesamte Verzahnung auf einmal bearbeitet. Dies erfordert relativ breite Schabräder. Bei Verzahnungen mit einer Breite größer als 35 mm können zur Zeit noch keine Tauchschabräder hergestellt werden. Um auch breite Verzahnungen mit einem Schabrad herstellen zu können, das nach dem neuen Prinzip ausgelegt ist, bietet sich das Parallelschaben an.

Für entsprechende Versuche wurde das Schabrad S 3 mit der schräg liegenden Berührlinie bei einer Geradverzahnung mit einer Breite von 50 mm eingesetzt. Dieses Werkrad wurde bisher wegen der Schwierigkeiten beim Schaben geschliffen. Die Flankenform- und Flankenrichtungsdiagramme der geschabten Werkräder sind in <u>Bild 29</u> wiedergegeben.

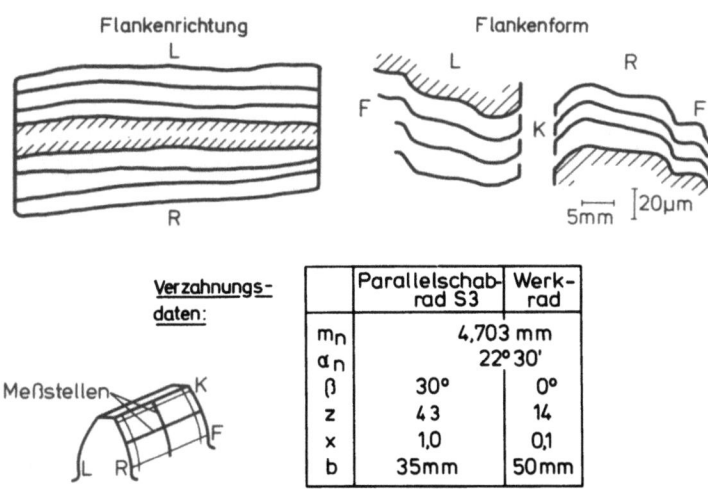

Bild 29: Verzahnungsqualität beim Parallelschaben mit dem Konkav-Schabrad S 3

Berücksichtigt man, daß es sich um ein geradverzahntes Werkrad mit nur 14 Zähnen und um ein Schabrad ohne Flankenformkorrektur handelt, so ist die Verzahnungsqualität als gut anzusehen. Sie entspricht den Qualitätsanforderungen des Anwenders.

Die Versuche haben gezeigt, daß durch das Konkav-Schabrad wesentlich bessere Verzahnungsqualitäten als bisher erreicht werden können. Dies ist durch die besondere Auslegung des Schabrades möglich, indem zu der Profilüberdeckung durch die schräg liegende Berührlinie die Sprungüberdeckung hinzukommt. Damit ist eine Voraussetzung geschaffen, die bisher schwer schabbaren Verzahnungen mit $\varepsilon < 2$ in genügender Qualität zu schaben.

4. ZUSAMMENFASSUNG

Beim Schaben von Verzahnungen, bei denen der Überdeckungsgrad der Paarung Schabrad-Werkrad kleiner als 2 ist, treten folgende Probleme auf:

1) Das Standzeitverhalten der Schabräder ist in der Großserie oft unbefriedigend;

2) die geforderte Verzahnungsqualität kann häufig nicht erreicht werden, weil der Flankenformfehler die Toleranzgrenze überschreitet.

Im Rahmen des vorliegenden Forschungsprogrammes wurde die Auslegung von Schabrädern eingehend untersucht. Aus einer überschlägigen Berechnung der Anpreßkraft, mit der der Schabradzahn in den Werkradzahn zur Spanabnahme hineingepreßt wird, folgt, daß dann besonders günstige Bedingungen vorliegen, wenn in jeder Wälzstellung gleich viele Rechts- und Linksflanken im Eingriff sind. Durch die Berechnung der Folge der Flankenberührungen für eine Periode kann aus den geometrischen Daten von Schabrad und Werkrad ermittelt werden, bei welcher Kombination von Profilverschiebung und Schabradaußendurchmesser dies der Fall ist. Auf Grund dieser Erkenntnisse wurde eine andere Profilverschiebung als bisher vorgeschlagen. In Standzeitversuchen konnte nachgewiesen werden, daß dadurch der Nutzungsbereich des Schabrades erweitert wird. Die Standzeitversuche zeigten darüber hinaus, daß der Flankenformfehler die wichtigste Beurteilungsgröße der Verzahnung nach dem Schaben darstellt und daß die Größe der Fehler während der Standzeit nicht von vorneherein vorauszusehen ist. Die Standmenge ist sehr stark von der Auslegung des Schabrades abhängig.

Um ein Schabrad schnell und sicher auszulegen, wurde ein Digitalrechnerprogramm [5] erstellt, das den Profilverschiebungsfaktor und den Außendurchmesser angibt. Bei Geradverzahnungen und bei Verzahnungen mit kleinen Zähnezahlen liefert die bisher verwendete Schabradauslegung mit einem möglichst kleinen Schabradschrägungswinkel keine zufriedenstellenden Ergebnisse. Beim Werkrad tritt ein großer Flankenformfehler auf, so daß an einigen Stellen zuviel und an anderen zu wenig Material abgetragen wird. Um diesen Fehler zu verkleinern, bietet sich eine Schabradauslegung an, bei der statt Punktberührung Linienberührung entlang einer schräg liegenden Berührlinie angestrebt wird.

Die Vorgehensweise bei der Auslegung eines solchen Schabrades wurde erläutert. Aus den Berührungsverhältnissen zwischen Schabrad und Werkrad ergab sich, daß das Schabrad entgegen der bisherigen Auslegung einen größeren Schrägungswinkel haben muß als das Werkrad. Wegen des notwendigen Hohlschliffes wird es Konkav-Schabrad genannt.

Derartige Konkav-Schabräder wurden an drei Verzahnungen erprobt. Zwei schwer schabbare Verzahnungen mit einem Modul größer als 4 mm wurden im Tauchschabverfahren bearbeitet. Die Verzahnungsqualität hinsichtlich des Flankenformfehlers war auf Anhieb gut. Wegen eines Verschränkungsfehlers mußte das Schabrad jedoch nachgeschliffen werden. Im Parallelschabverfahren wurde eine Verzahnung bearbeitet, die bisher geschliffen werden mußte. Mit dem Konkav-Schabrad konnte auch sie in der erforderlichen Qualität geschabt werden.

Der Bericht hat gezeigt, daß auch bei schwer schabbaren Verzahnungen die erforderliche Qualität durch eine geeignete Schabradauslegung erreicht werden kann.

5. LITERATURVERZEICHNIS

1. Schapp, U.

    Untersuchungen über den Einfluß der Schnittbedingungen und des Verschleißes auf die Verzahnungsqualität beim Schaben

    Dissertation TH Aachen 1970

2. Hurth

    Zahnradschaben

    C. Hurth, Maschinen- und Zahnradfabrik, München, 1964

3. Reutter, F.

    Darstellende Geometrie, Band I

    G. Braun, Karlsruhe 1958

4. Ziegler, H.

    Verzahnungssteifigkeit und Lastverteilung schrägverzahnter Stirnräder

    Dissertation TH Aachen 1971

5. Buschhoff, K.

    Digital-Rechnerprogramm zur Auslegung von Schabrädern

    (unveröffentlicht)
    WZL TH Aachen 1973

6. Niemann, G.

    Maschinenelemente, Bd. II

    Verlag Springer, Berlin/Göttingen/Heidelberg 1960

Forschungsberichte des Landes Nordrhein-Westfalen

Herausgegeben im Auftrage des Ministerpräsidenten Heinz Kühn
vom Minister für Wissenschaft und Forschung Johannes Rau

Sachgruppenverzeichnis

Acetylen · Schweißtechnik
Acetylene · Welding gracitice
Acétylène · Technique du soudage
Acetileno · Técnica de la soldadura
Ацетилен и техника сварки

Arbeitswissenschaft
Labor science
Science du travail
Trabajo científico
Вопросы трудового процесса

Bau · Steine · Erden
Constructure · Construction material ·
Soilresearch
Construction · Matériaux de construction ·
Recherche souterraine
La construcción · Materiales de construcción ·
Reconocimiento del suelo
Строительство и строительные материалы

Bergbau
Mining
Exploitation des mines
Minería
Горное дело

Biologie
Biology
Biologie
Biologia
Биология

Chemie
Chemistry
Chimie
Quimica
Химия

Druck · Farbe · Papier · Photographie
Printing · Color · Paper · Photography
Imprimerie · Couleur · Papier · Photographie
Artes gráficas · Color · Papel · Fotografía
Типография · Краски · Бумага · Фотография

Eisenverarbeitende Industrie
Metal working industry
Industrie du fer
Industria del hierro
Металлообрабатывающая промышленность

Elektrotechnik · Optik
Electrotechnology · Optics
Electrotechnique · Optique
Electrotécnica · Optica
Электротехника и оптика

Energiewirtschaft
Power economy
Energie
Energía
Энергетическое хозяйство

Fahrzeugbau · Gasmotoren
Vehicle construction · Engines
Construction de véhicules · Moteurs
Construcción de vehículos · Motores
Производство транспортных средств

Fertigung
Fabrication
Fabrication
Fabricación
Производство

Funktechnik · Astronomie
Radio engineering · Astronomy
Radiotechnique · Astronomie
Radiotécnica · Astronomía
Радиотехника и астрономия

Gaswirtschaft
Gas economy
Gaz
Gas
Газовое хозяйство

Holzbearbeitung
Wood working
Travail du bois
Trabajo de la madera
Деревообработка

Hüttenwesen · Werkstoffkunde
Metallurgy · Materials research
Métallurgie · Matériaux
Metalurgia · Materiales
Металлургия и материаловедение

Kunststoffe
Plastics
Plastiques
Plásticos
Пластмассы

Luftfahrt · Flugwissenschaft
Aeronautics · Aviation
Aéronautique · Aviation
Aeronáutica · Aviación
Авиация

Luftreinhaltung
Air-cleaning
Purification de l'air
Purificación del aire
Очищение воздуха

Maschinenbau
Machinery
Construction mécanique
Construcción de máquinas
Машиностроительство

Mathematik
Mathematics
Mathématiques
Matemáticas
Математика

Medizin · Pharmakologie
Medicine · Pharmacology
Médecine · Pharmacologie
Medicina · Farmacología
Медицина и фармакология

NE-Metalle
Non-ferrous metal
Metal non ferreux
Metal no ferroso
Цветные металлы

Physik
Physics
Physique
Física
Физика

Rationalisierung
Rationalizing
Rationalisation
Racionalización
Рационализация

Schall · Ultraschall
Sound · Ultrasonics
Son · Ultra-son
Sonido · Ultrasónico
Звук и ультразвук

Schiffahrt
Navigation
Navigation
Navegación
Судоходство

Textilforschung
Textile research
Textiles
Textil
Вопросы текстильной промышленности

Turbinen
Turbines
Turbines
Turbinas
Турбины

Verkehr
Traffic
Trafic
Tráfico
Транспорт

Wirtschaftswissenschaften
Political economy
Economie politique
Ciencias económicas
Экономические науки

Einzelverzeichnis der Sachgruppen bitte anfordern

Westdeutscher Verlag GmbH
– Auslieferung Opladen –
567 Opladen, Postfach 1620

MIX
Papier aus verantwortungsvollen Quellen
Paper from responsible sources
FSC® C105338

If you have any concerns about our products,
you can contact us on
ProductSafety@springernature.com

In case Publisher is established outside the EU,
the EU authorized representative is:
**Springer Nature Customer Service Center GmbH
Europaplatz 3, 69115 Heidelberg, Germany**

Printed by Libri Plureos GmbH
in Hamburg, Germany